빛깔있는 책들 301-24

한국의 자생란

글, 사진/김수남

대원사

김수남

1959년 경기 남양주에서 태어났다. 1980년 인천 교대를 졸업하고 장현초등학교 교사로 재직중이다. 난초와 관련된 작품으로 37회와 40회 전국과학전람회에서 특상을 수상했다. 현재 한국식물분류학회 회원, 한국식물연구회 회원으로 있다. 논문으로는 「한국산 난초과 식물의 분포 및 생태학적 고찰」, 「무엽란의 분포와 생태에 관한 연구」, 「경인 지방의 난초과 식물」, 「보춘화의 분포를 제한하는 환경 요인」, 「제주 한라산에서의 수직 고도에 따른 난초과 식물의 분포와 생태」, 「백운란속의 분포와 생태에 관한 연구」 등이 있다.

이 책에 실린 사진 자료의 일부는 이경서, 오병훈의 작품이다.

빛깔있는 책들 301-24

한국의 자생란

한국의 자생란

머리말

오늘날 우리의 국토는 급격한 산업화에 밀려 개발이라는 명분 아래 훼손되어 가면서 거주와 노동의 공간은 늘어났지만 인간 본연의 품성을 키울 수 있는 자연 공간은 점차 사라져 가고 있는 실정이다. 이런 현실 때문인지 자연과 연계감을 느끼고자 녹색 생명체를 가까이 하려는 경향이 있다.

그런 연유 때문인지 가정이나 사무실에 화분을 비치하여 식물들을 감상하고 있으며, 그 가운데 특히 난초는 빼놓을 수 없는 식물이 되고 말았다. 난초는 청아한 향과 산뜻하면서도 강인한 곡선미를 연상시켜 우미 수려(優美秀麗)의 체취로 우리와 더욱 가깝게 지내고 있는 것이다.

그러나 이런 좋은 취미도 지나쳐 많은 식물 애호가들의 손에 의해 우리의 산야에서 무분별하게 채집되어 멸종 위기에 처한 식물들과 희귀 식물의 수가 많아지고 있다. 그리하여 1993년 정부에서는 '자연 환경 보전법' 제3조 제4호의 규정을 마련하여 특정 야생동·식물을 지정, 고시하였다. 이 중 식물은 총 126종으로 난초과 식물이 20종을 차지하고 있는데 감소 추세종으로 4종, 멸종 위기종으로 3종, 희귀종으로 12종, 한국 특산종으로 1종이 분류되어 지정되었다. 그러나 희귀하면서도 관상의 가치가 높아 남채(濫採)될 우려가 있기에 난초과 모든 종이 지정되었으면 하는 바람이다.

몇 종의 자생란을 제외하고는 개체수가 많지 않으므로 우리의 눈에 쉽게 띄지 않지만 이들은 백두에서 한라까지, 심지어 서울·부산·광주 등 대도시에도 분포하고 있다. 그들은 제나름대로의 모습을 갖추면서 양지바른 곳이나 숲 속, 습한 곳, 건조한 곳 등 어느 곳에서나 자라고 있다.

여기에 소개하는 자생란은 전국 각처에 분포하고 있는 종으로 개화된 것을 중심으로 촬영하였다. 다만 북한에 분포하는 특수한 종은 중국 쪽의 백두산(장백산)의 것을 보아야 하는 아쉬움이 있지만 통일의 그날을 염원하며 미비한 것은 보충할 것을 약속드리며 과제로 남긴다.

우리의 땅에서 우리의 선조들과 함께 살아온 것들에 대한 향수와 연민의 정을 느끼면서 우리의 것을 더욱 사랑하고 보호하였으면 하는 심정으로 그나마 위안을 삼고자 한다.

끝으로 이 책에 실린 귀중한 사진 자료를 제공해 주신 이경서, 오병훈 선생님께 감사를 드린다.

난초과 개요

영어의 난초라는 의미인 '오키드(orchid)'의 어원은 구근의 모양에서 유래했다. 유럽에는 많은 지생란(地生蘭)이 있는데 그 중 한 속(보통 *Orchis*속)의 지하 기관에 신·구 2개의 구근이 나란히 있는 모양을 고환에 비유한 것이다.

이 구구(舊球)에서 화경(花莖)이 나와 꽃이 피고 신구(新球)는 다음해에 꽃이 피는데 위치가 매년 조금씩 바뀌게 되어 오르키스속(*Orchis*)의 난초들은 이런 연유로 'walking plant'라 부르기도 한다. 또 2개의 구근을 '아담과 이브(Adam and Eve)'라고도 하는데 물에 넣으면 충실한 아담(新球)은 가라앉고 충실하지 못해 가벼운 이브(舊球)는 물에 뜨게 된다.

옛날 유럽 사람들은 난초의 지하 구근을 먹으면 정력에 좋다고 생각하여 약용 식물로 취급하면서 소중히 여겼다. 근래에 와서는 관상용 식물로 각광을 받고 있어 일반적으로 초화류 중에서 가장 고가품에 속한다.

난초는 피자식물문 단자엽식물강 백합아강 난초목 난초과에 속하는 식물로, 국화과(Compositae)·콩과(Leguminosae)와 더불어 커다

란 과이며 세계적으로 약 660~800여 속, 2만 5천에서 3만 종이 있고 인공 교잡종까지 합하면 3만에서 3만 5천여 종이나 되며 현재도 새로운 속과 종이 만들어지고 있다. 극지방과 사막, 고산의 빙설 지대를 제외한 전 지역에서 자라지만 특히 열대와 아열대 지방에 많이 분포한다.

원예상 난초는 동양란과 서양란(보통 양란으로 부른다)으로 분류되고 있다. 주로 온대에서 자라는 심비디움속(*Cymbidium*)의 온대성 한국춘란·한란, 중국춘란·한란·혜란, 일본춘란·한란, 대만춘란·한란, 덴드로비움속(*Dendrobium*)의 석곡, 네오피네티아속(*Neofinetia*)의 풍란(소엽풍란), 세디레아속(*Sedirea*) 또는 아에리데스속(*Aërides*)의 나도풍란(대엽풍란) 등을 동양란으로 구별한다. 그리고 동남 아시아·아프리카·아메리카의 열대와 아열대에서 자라는 카틀레야속(*Cattleya*), 파피오페딜룸속(*Paphiopedilum*), 덴드로비움속 및 심비디움속, 반다속(*Vanda*), 팔레놉시스속(*Phalaenopsis*), 바닐라속(*Vanilla*), 렐리아속(*Laelia*), 온시디움속(*Oncidium*), 밀토니아속(*Miltonia*), 지고페탈룸속(*Zygopetalum*) 등을 양란으로 취급하고 있다.

난초과 식물은 다년초로 낙엽성(落葉性), 상록성(常綠性), 무엽성(無葉性)으로 구분되고 낙엽성은 다시 동휴면(冬休眠)과 하휴면(夏

休眠) 난초로 나누어진다. 뿌리는 대부분 균과 공생하며 땅 위에서 자라는 지생종(地生種), 나무 줄기나 바위 위에서 자라는 착생종(着生種), 엽록체가 없는 무엽의 부생종(腐生種)으로 나뉜다. 줄기는 가축(假軸)하거나 지하경 또는 위구경을 가진다. 잎은 보통 편평하고, 기부에 통 모양의 엽초가 있으나 때로 좌우로 편평하거나 비늘 모양으로 퇴화된 것도 있다. 꽃은 대부분이 수상 화서(穗狀花序)나 총상 화서(總狀花序)로 붙지만 일부는 화경에 1개가 정생(頂生)한다. 또 꽃을 보호하기 위한 포(苞)가 있다. 양성화의 좌우 상칭으로 외화피편〔萼片〕은 3개이며 대부분 모양이 같고, 내화피편〔花瓣〕의 좌우 2개도 모양이 같으나 가운데 1개는 순판으로 되어 모양이 다르다. 때로 거(距)가 있다. 자방(子房)은 하위이며 1실로 비틀어지고 3개의 모서리〔稜〕가 있다. 종자는 매우 작으며 배는 육질(肉質)이고, 배유(胚乳)가 없다. 충매화(蟲媒花)이며 단자엽(單子葉) 식물로는 가장 진화되었다.

우리나라에 분포하는 난초과 식물을 정태현은 1957년 발간한 『한국식물도감』에서 33속 56종 1변종으로 기록하고 있다. 후에 한국산 식물을 『대한식물도감』에서 대부분 정리한 이창복은 38속 78종 2변종 11품종으로 기록하였다.

그러나 필자가 신종으로 발표하는 한국사철란(*Goodyera koreana*)과 전국의 각 시군을 답사하거나 정보를 통해 찾아낸 한라천마(*Gastrodia verrucosa*)와 제주무엽란(*Lecanorchis kiusiana*), 김의난초(*Cephalanthera longifolia*), 산호란(*Corallorhiza trifida*), 한라옥잠난초(*Liparis auriculata*), 한라감자난초(*Oreorchis coreana*), 구화란(*Cymbidium faberi*), 탐라란(*Gastrochilus japonicus*) 및 신교잡 1종인 줄무늬사철란(*Goodyera×chejuensis*)과 『조선박물학회지』에 일본명으로 기록된 2종인 북방나비난초(*Ponerorchis aristata*)와 소란

(*Cymbidium koran*) 및 기존의 속을 분속시켜 추가한다. 따라서 우리나라에 분포하는 난초과는 2아과(개불알꽃아과, 난초아과)의 5족(개불알꽃족, 나비난초족, 애기무엽란족, 난초족 또는 석곡족, 지네발란족) 46속 98종 13변종 2교잡종으로 분류할 수 있다. 한반도와 부속 도서에 분포하는 식물들을 더 조사하고 검토해 본다면 100여 종은 충분히 될 것이다.

우리나라에 자생하는 난초 가운데 관상용으로 가치가 있는 종은 한란, 보춘화(춘란), 풍란, 나도풍란, 석곡, 죽백란, 녹화죽백란, 해오라비난초, 나비난초, 자란, 흑난초 등이나 무분별한 채취로 인하여 보춘화를 제외한 전종이 멸종 위기에 처해 있는 희귀종들이다.

원예화(園藝化)가 가능한 종으로 새우난초, 큰새우난초, 금새우난초, 개불알꽃, 광릉요강꽃, 사철란, 붉은사철란, 여름새우란, 약난초, 지네발란, 금산자주난초, 제주난초 등이 있는데 이들 또한 멸종 위기에 있다.

우리나라 난초의 이름은 꽃이나 잎, 줄기, 뿌리의 형태를 보고 동물이나 식물의 명칭에서 따 온 것이 많다. 해오라비난초·잠자리난초·나비난초·병아리난초·제비난초·갈매기난초·방울새란·닭의난초·개미난초·나나벌이난초·새우난초·산호란·지네발란·거미란 등은 동물의 이름에서, 으름난초·비비추난초·옥잠난초·나리난초·감자난초 등은 식물의 이름에서 따 왔다.

한국의 자생란

동휴면 낙엽성 지생종

(冬休眠 落葉性 地生種)

개불알꽃〔*Cypripedium macranthum* Swartz/개불알꽃족 개불알꽃속〕

제주도를 제외한 전국에 자생하지만 주로 북부의 산지나 중부 내륙의 산지, 남부 고지 등의 다소 양지바른 풀밭이나 낙엽수림 밑에서 자란다. 개불란, 요강꽃, 복주머니꽃이라고도 불린다. 과거에는 흔했으나 관상용과 약용으로 마구 채취하여 개체수가 급격히 감소되고 있다.

뿌리 중에 여러 개가 조금 굵고 단단하며 근경(根莖)은 짧게 옆으로 벋는다. 줄기는 곧추서서 높이 50센티미터에 달하며 털이 있다. 잎은 길이 8~20센티미터의 장타원형으로 3개에서 5개가 어긋나고, 드문드문 털이 있다. 포(苞)는 잎 모양과 비슷하고 길이 7~10센티미터이다.

꽃은 지름이 약 5센티미터로 대형이며, 5월 중순에서 6월경에 담홍색에서 홍자색으로 줄기 끝에 1개가 핀다. 간혹 기본종보다 조금 진한 홍자색이며 순판(脣瓣) 형태도 크고 둥근 왕개불알꽃(var. *hotei-atsumorianum*)과 백색 꽃이 피는 흰개불알꽃(for. *albiflorum*)이 있다.

지리적으로 일본, 중국, 대만, 몽골, 시베리아, 히말라야, 중앙 아시아, 우크라이나, 러시아, 동유럽까지 광범위하게 분포하는 북방계 식물이다.

종소명(種小名) 'macranthum'은 '큰 꽃의'라는 의미의 그리스어로 순판이 매우 큰 데서 유래하며, 스웨덴의 저명한 식물학자 스바르츠(O. Swartz)가 1800년 히말라야와 시베리아산을 신종으로 발표하였다.

국명(國名)은 순판의 형태가 개의 고환과 비슷한 데서 연유한다.

털개불알꽃〔*Cypripedium guttatum* Swartz var. *koreanum* Nakai/개불알꽃족 개불알꽃속〕

북부 지방(함북, 함남, 평북) 및 중부 지방(황해, 강원), 남부 지방(전북) 등지 아고산의 숲 그늘이나 양지바른 풀밭에서 매우 희귀하게 자란다. 털개불란, 털복주머니꽃으로도 불린다.

뿌리는 조금 굵으면서 단단하며 근경은 가늘게 옆으로 뻗는다. 줄기는 곧추서서 높이 30센티미터로 개불알꽃속 중에서 가장 작고 연한 털이 있다. 잎은 길이 7~15센티미터로 난형(卵形)에서 타원형으로 2개가 어긋나서 조금 줄기를 감싸며, 가장자리 아래의 맥 위로 짧은 털이 있고 끝이 뾰족하다. 포는 1개로 잎 모양과 비슷하며 길이 2~4센티미터의 넓은 피침형이지만 끝이 날카롭고 뾰족하다. 꽃은 5월 하순에서 7월경 줄기 끝에 1개가 밑을 향해 달리며 지름 3~5센티미터로 녹색을 띤 황갈색에 자주색의 반점이 있다. 간혹 백색 꽃이 피는 흰털개불알꽃(for. *albiflora*)이 있다.

지리적으로 일본, 중국, 몽골, 시베리아, 중앙 아시아, 러시아, 벨로루시, 북아메리카의 알래스카, 캐나다, 미국에까지 광범위하게 분포하는 북방계 식물이다.

종소명 'guttatum'은 라틴어 '물방울(gutta)'의 형용사형으로 순판에 있는 홍자색의 점 모양에서 유래하였고, 1800년 스바르츠가 히말라야 및 시베리아산을 신종으로 기재하였다. 변종소명 'koreanum'은 '한국산'이란 뜻이며 일본의 식물학자로 우리나라 식물을 연구한 나카이(中井猛之進)가 한국에서 채집하여 기본종의 변종으로 처리하였다.

국명은 개불알꽃과 비슷하고 잎, 꽃, 자방 등에 많은 털이 붙어 있는 데서 연유한다.

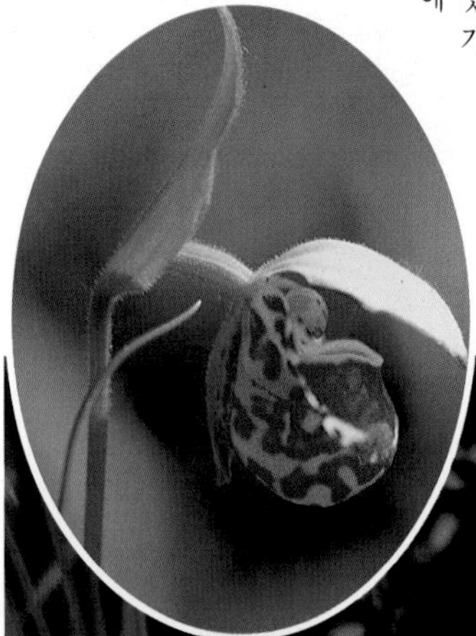

광릉요강꽃〔*Cypripedium japonicum* Thunberg/개불알꽃족 개불알꽃속〕

중부 지방(경기)의 낙엽수림 밑에서 극히 희귀하게 자란다. 연잎요강꽃, 치마난초, 큰복주머니꽃으로도 불린다.

뿌리는 각 마디에서 철사 모양으로 조금 굵게 나오고 근경은 길게 옆으로 벋는다. 줄기는 곧추서서 높이가 40센티미터에 달하며 거친 털이 빽빽하게 있다. 잎은 아래의 서너 개가 초(鞘) 모양이고 위의 2개(간혹 3개)는 근접해 어긋나며, 부채꼴의 원형(圓形)으로 지름 10~22센티미터의 대형이고, 맥은 방사상의 많은 세로 주름이 있으며 밑부분에 작은 털이 드문드문 있다. 포는 장타원형으로 끝이 날카롭고 뾰족하다. 화경은 높이가 약 15센티미터로 곧추선다. 꽃은 지름 약 8센티미터의 대형이며, 4월 하순에서 5월 상순 줄기 끝에 1개가 밑을 향해 담록색으로 핀다.

지리적으로 일본, 중국, 대만 등 분포의 범위가 매우 협소한 동아시아계 식물이다.

종소명 'japonicum'은 타입 표본의 채집지인 '일본산'이라는 의미로 스웨덴의 의사·생물학자이며 웁살라대학 교수로 일본 식물을 채집한 툰베르히(C. Thunberg)가 1784년에 기재한 후 같은 해 유럽으로 소개되었다. 한편 1916년 대만의 식물을 연구한 일본의 하야타(早田文藏)가 발표한 대만에 분포하는 대만광릉요강꽃(*Cypripedium formosana*)도 근래에는 동일종으로 처리한다.

국명은 최초 채집지인 경기도 광릉의 지명과 꽃 모양이 요강 같은 데서 연유한다.

해오라비난초〔*Habenaria radiata* (Thunberg) Sprengel/나비난초족 잠자리난초속〕

남부 내륙의 경북, 중부 내륙의 충북·경기·강원, 북부의 함남 등지의 양지바르고 습한 풀밭에서 희귀하게 자란다.

뿌리는 여러 개가 실 모양으로 가늘고, 구경(球莖)이 옆으로 벋어 끝에 타원형의 구근이 달린다. 줄기는 곧추서서 높이가 40센티미터에 달하며 전체에 털이 없다. 잎은 줄기 아래의 여러 개가 어긋나며 광선형(廣線形)으로 길이 5~10센티미터, 위의 두세 개는 포 모양으로 작다. 포는 알 모양의 피침형으로 길이 약 0.5센티미터이다. 화경은 구근에서 나오며 길이 10~20센티미터로 곧추선다. 꽃은 지름 약 3센티미터의 한두 개(때로 4개)가 8월경에 백색으로 핀 모습이 날아가는 백로를 연상시킨다. 환상적인 아름다움을 지녀서인지 함부로 채취되어 멸종 위기에 있다.

지리적으로 일본, 중국 등 일부 지역에 제한되어 분포하는 동아시아계 식물이다.

종소명 'radiata'는 순판의 측렬편(側裂片)에 있는 홈이 방사상으로 넓게 펼쳐진 데서 라틴어의 '방사상으로 나온다'라는 말에서 유래하고, 툰베르히가 최초로 기재한 후 독일의 슈프렝겔(K. Sprengel)이 1826년 본속으로 분류하였다.

국명은 꽃이 백색으로 날아가는 모양이 마치 해오라비(해오라기의 사투리)를 닮은 데서 연유한다.

잠자리난초〔*Habenaria linearifolia* Maximowicz/ 나비난초족 잠자리난초속〕

제주, 남해 도서 및 남부, 중부, 북부 지방(함남, 함북) 등 전국의 습한 양지 풀밭에서 자란다.

땅속에 타원형의 구근과 여러 개의 가는 뿌리가 있다. 줄기는 녹색으로 곧추서서 높이 80센티미터에 달한다. 잎은 아래의 두세 개는 초 모양으로 어긋나고, 1개에서 2개의 큰 잎은 선 모양으로 길이 10~20센티미터이지만 점차 작아져서 포엽(苞葉)과 연결되며 끝이 뾰족하다. 포는 길이 1~1.5센티미터로 피침형이다. 화경은 총상 화서로 길이 7~15센티미터로 5개에서 25개가 달리며, 꽃은 7월 중순에서 9월경에 백색으로 피고 지름은 1~1.5센티미터이다.

지리적으로 일본, 중국, 시베리아 등 동아시아의 냉·온대에 분포한다.

종소명 'linearifolia'는 라틴어의 '선 모양(linearis)'과 '잎(folia)'의 합성어로 잎이 선(線) 모양인 데서 유래하고 1859년 러시아의 식물학자 막시모비츠(C. Maximowicz)가 신종으로 기재하였다.

국명은 순판의 모양이 잠자리 모습과 비슷한 데서 유래한다.

방울난초〔*Peristylus flagellifer* (Makino) Ohwi/나비난초족 방울난초속〕

제주도의 저지대인 침엽수림(주로 삼나무)과 활엽수림이 섞인 점토질 땅에서 극히 희귀하게 자란다. 우리나라에서는 제주도에서만 자라는 제주 고유 분포종으로 문헌에는 경기와 북부 지방에 분포한다는 기록이 있으나 자생지가 난대인 점을 감안하면 검토가 요청된다.

여러 개의 뿌리는 실처럼 가늘며 난형의 구근이 2개 있다. 줄기는 곧추서서 높이 50센티미터에 달하고 전체에 털이 없으며 마르면 흑색이 된다. 잎은 어긋나고 밑부분의 2개는 초 모양이며 가운데의 4, 5개는 장타원형에서 넓은 피침형으로 길이 4~10센티미터, 끝은 짧지만 날카로우며 윗부분의 것은 포 모양으로 소형이다. 포는 넓은 피침형으로 길이 0.5~1센티미터이다. 꽃은 9, 10월경에 담록색으로 길이 10~25센티미터의 수상 화서로 붙는다.

지리적으로 일본, 대만, 인도 등 분포의 범위가 매우 협소하며 희귀한 남방계 식물이다.

종소명 'flagellifer'는 '가죽 채찍을 가진 것의(flagellum)'라는 의미로 순판의 측렬편이 가늘지만 주름 잡혀진 형태에서 유래한다. 막시모비츠가 셀로글로숨속(*Coeloglossum*)으로 신종 기재한 후 일본의 마키노(牧野富太郎)가 하베나리아속(*Habenaria*)으로, 일본의 식물학자 오위(大井次三郎)가 본속으로 분류하였다.

국명은 난형의 구근을 방울에 비유한 데서 연유한다.

손바닥난초〔*Gymnadenia conopsea* (Linné) R. Brown/나비난초족 손바닥난초속〕

제주, 경남, 경북, 충북, 평북, 함남, 함북 등 고산의 양지바른 풀밭에서 소수가 자란다. 뿌리난초, 새발란이라고도 부른다.

뿌리는 일부가 손바닥 모양으로 살이 쪄 통통하다. 줄기는 녹색으로 곧추서서 높이 60센티미터에 달한다. 잎은 4개에서 6개가 어긋나고, 광선형에서 선 모양의 피침형으로 길이 6~20센티미터이며, 끝이 뾰족하지만 아래의 것은 둔하다. 제주산은 일본에 자생하는 종보다 너비가 좁은 선 모양의 피침형이 많다. 포는 넓은 피침형으로 꽃과 길이가 비슷하거나 다소 길다. 꽃은 7월 중순에서 8월 중순에 담홍자색으로 길이 7~15센티미터의 수상 화서로 빽빽하게 핀다. 간혹 백색 꽃이 피는 흰손바닥난초(for. *leucantha*)가 있다.

지리적으로 일본, 중국, 몽골, 시베리아, 히말라야, 코카서스, 유럽(남유럽의 이베리아 반도까지) 등 유라시아 대륙의 냉량한 지역에 분포하는 북방계 식물이다.

종소명 'conopsea'는 그리스어의 '하루살이(conopos)'라는 의미로 꽃 모양에서 유래하고, 1753년 스웨덴의 위대한 식물학자 린네(C. von Linné)가 오르키스속으로 최초 기재한 후, 영국과 오스트레일리아에서 활약한 브라운(R. Brown)이 1813년 본속으로 분류하였다.

국명은 땅속에 있는 육질의 뿌리 형태가 마치 손바닥과 같은 데서 연유한다.

주름제비란〔*Gymnadenia camtschatica* (Chamisso et Schlechtendal) Miyabe et Kudo/나비난초족 손바닥난초속〕

경북, 강원, 평북, 함북 등지의 낙엽수림 밑에서 희귀하게 자란다.

뿌리는 1개가 원기둥 모양으로 살이 쪄 통통하고 가로로 벋은 끈 모양의 거친 것이 약간 있다. 줄기는 조금 굵고 곧추서서 높이 100센티미터에 달하며 윗부분에 모서리가 있다. 잎은 4개에서 7개가 어긋나고 타원형에서 장타원형으로 길이 4~15센티미터이며 보통 가장자리는 물결 모양으로 주름이 지고 끝이 둥글거나 뾰족하며 밑부분은 줄기를 감싸며 초 모양이다. 포는 녹색의 피침형으로 꽃보다 다소 길며 끝이 뾰족하다. 꽃은 담홍색으로 5월 상순에서 6월 상순 사이에 총상 화서로 붙으며 길이는 5~15센티미터이다. 한국산 난초 가운데 가장 빽빽하게 꽃이 붙는다. 울릉도의 것은 대부분 백색에 가까운 담홍색을 띠며 양지에 분포하는 것은 대형이고 꽃이 빽빽하나 음지의 것은 보다 작으며 꽃이 많지 않다. 간혹 백색 피는 흰주름제비란(for. *leucantha*)이 있다.

지리적으로 일본, 사할린, 쿠릴 열도, 캄차카 반도 등에 분포하는 동북 아시아형의 북방계 식물이다.

종소명 'camtschatica'는 타입 표본의 채집지인 '캄차카산'이라는 뜻으로 독일의 시인이며 자연주의자인 샤미소(A. Chamisso)와 식물학자인 쉴레히텐달(D. Schlechtendal)이 1828년 캄차카산을 오르키스속으로 신종 발표한 후 일본의 식물학자 미야베(宮部金吾)와 구도(工藤祐舜)가 1915년에 본속으로 분류하였다.

국명은 잎의 가장자리에 물결 모양으로 주름이 진 데서 연유한다.

구름병아리난초〔*Neottianthe cucullata* (Linné) Schlechter/나비난초족 구름병아리난초속〕

북부 지방(함북, 함남, 평북), 중부 내륙(강원, 경기, 충북) 및 남부 지방(경남) 등지의 다소 양지바른 고산의 침엽수림이나 낙엽수림 밑에서 매우 희귀하게 자란다. 산나사난초라고도 부른다.

뿌리는 일부가 난형으로 살이 쪄 통통하고 여러 개의 가는 뿌리가 있다. 줄기는 화경 모양으로 곧추서서 높이 30센티미터에 달한다. 잎은 보통 2(3)개가 어긋나서 줄기 밑부분에 접해 붙고 부드러운 편이다. 표면은 황록색이고 타원형에서 넓은 피침형으로 길이 2.5~7센티미터이고 끝이 둔하다. 간혹 잎에 반점이 있는 점백이구름병아리난초(for. *maculata*)가 있다. 포는 피침형으로 끝이 뾰족하다. 꽃은 7월에서 9월경에 한쪽으로 치우친 수상 화서로 붙어 대개 담홍색으로 빽빽하게 핀다. 간혹 백색 꽃이 피는 흰구름병아리난초(for. *leucantha*)도 있다.

지리적으로 일본, 중국, 몽골, 시베리아, 중앙 아시아, 러시아, 중부 유럽 등 유라시아 대륙의 냉량한 지역에 분포하는 북방계 식물이다.

종소명 'cucullata'는 라틴어로 '모자 또는 투구를 쓴'이라는 뜻으로 윗부분에 있는 화피편 5개의 자세를 비유한 데서 유래한다. 1753년 린네가 오르키스속으로 최초 기재한 후, 1818년 프랑스의 식물학자 리샤르(L. C. Richard)가 시베리아산을 짐나데니아속(*Gymnadenia*)으로 독일의 난초 분류학자 쉴레히터(F. Schlechter)가 본속으로 분류하였다.

국명은 이 난초의 자생지가 산이 깊고 높아 구름이 걸리는 것과 전체 형태가 병아리난초와 비슷하여 꽃이 작으면서도 귀여운 병아리 같은 데에서 연유한다.

나도제비란〔*Galeorchis cyclochila* (Franchet et Savatier) Nevski/나비난초족 나도제비란속〕

제주, 남부 지방(전남, 전북, 경남) 및 중부 지방(강원), 북부 지방(함남, 함북) 등지 고산의 숲 그늘에서 희귀하게 자란다. 오리난초라고도 한다.

뿌리는 다소 살이 쪄 통통하게 길며, 거칠고 가는 뿌리가 여러 개 있다. 줄기는 곧추서서 높이 17센티미터에 달하고 전체에 털이 없으며, 밑부분은 막질의 초 모양으로 된 잎에 싸여 있다. 잎은 광타원형으로 길이 4~7센티미터 정도 되며, 기부는 다소 잎자루〔葉柄〕로 되어 줄기의 아래에서 나오고 끝이 약간 둥글다. 포는 막질의 좁은 장타원형으로 길이가 1~2.5센티미터이며 아래의 것은 꽃보다 길게 나온다. 꽃은 보통 2개(때로 3개에서 5개)가 수상 화서로 붙어 5월 중순에서 7월 중순에 담홍색으로 핀다. 간혹 백색 꽃이 피는 흰나도제비란(for. *leucantha*)이 있다. 지리적으로 일본, 중국, 우수리, 아무르, 사할린 등에 분포하는 북방계 식물이다.

종소명 'cyclochila'는 '원주(cyclos)'와 '입술(cheilos)'이라는 그리스어에서 유래된 합성어로 넓은 의미의 오르키스속에는 순판이 셋으로 갈라지지만 본종은 갈라지지 않는 데서 연유한다. 1879년 프랑스의 프란체(A. Franchet)와 사바티에(P. Savatier)가 하베나리아속으로 신종 발표한 후 1935년 소련의 식물학자 네프스키(S. Nevski)가 본속으로 분류하였다.

국명은 우리말의 '나도—'가 '—와 비슷한'이라는 의미로 동·식물명에 사용되고 있으며 제비난초와 비슷한 데서 연유한다.

북방나비난초〔*Dactylorchis aristata* (Fischer et Lindley) Vermeulen/나비난초족 북방나비난초 속〕

북부 지방의 함북, 함남의 고산의 다소 습한 풀밭에서 매우 희귀하게 자란다.

뿌리는 일부가 손바닥 모양으로 살이 쪄 통통하다. 줄기는 곧추서서 높이 40센티미터에 달한다. 잎은 3개에서 6개가 어긋나고, 도피침형에서 광선형으로 길이 5~18센티미터이며 끝이 둔하다. 간혹 잎에 짙은 자색의 반점이 있는 얼룩북방나비난초(for. *punctata*)가 있다. 포는 선 모양의 피침형으로 길이가 1.3~2.5센티미터이며 끝이 길고 날카롭다. 꽃은 7, 8월경에 총상 화서로 다수가 빽빽하게 붙어 홍자색으로 아름답게 핀다. 간혹 백색 꽃이 피는 흰북방나비난초(for. *albiflora*)도 있다.

지리적으로 일본, 사할린, 쿠릴 열도, 오호츠크해 연안, 캄차카 반도, 알류샨 열도, 베링해 연안, 알래스카, 캐나다, 미국 등에 분포하는 북방계 식물이다.

종소명 'aristata'는 악편(萼片)이 꽃의 윗부분으로 모여 있지만 투구 모양으로 되지 않는 데서 라틴어의 '까끄라기 모양의'에서 유래하며, 1835년 제정 러시아의 피셔(F. Fischer)와 영국의 린들리(J. Lindley)가 신종으로 기재한 후 베르뮬렌(Vermeulen)이 본속으로 분류하였다.

국명은 그 분포지가 일본 열도를 제외하고는 주로 북위 40도 이북의 북방에 자생하고 있으며 오르키스속의 꽃 모양이 나비난초와 비슷한 데서 필자가 명명하였다.

나비난초〔*Ponerorchis graminifolia* Reichenbach fil./나비난초족 나비난초속〕

경기 북부, 강원, 북부 지방(함남, 함북) 등지 고산의 습한 바위틈에서 자란다.

뿌리는 구형으로 통통한 것과 약간의 가는 뿌리가 있다. 줄기는 비스듬히 위로 올라가 높이 20센티미터에 달하며 아래에 진한 자색의 잔 점이 있다. 잎은 두세 개(때로 4개)가 한쪽을 향해 약간 어긋나며 광선형으로 길이는 7~12센티미터로 끝은 날카롭고 아래는 줄기를 감싸서 짧은 초로 된다. 포는 선형으로 자방보다 짧거나 길며 끝이 길고 날카롭다. 꽃은 5개에서 8개가 총상 화서로 붙어 6월 중순에서 7월 하순에 약간 한쪽을 향하여 홍자색으로 핀다. 간혹 백색의 꽃이 피는 흰나비난초(for. *albiflora*)가 있다.

지리적으로 일본에 국한되어 분포하며 원예종으로 각광을 받고 있다. 일본의 분포지가 난대인 점을 감안할 때 우리나라의 북부 고산에 분포한다는 종은 검토가 요청된다.

종소명 'graminifolia'는 '벼과와 비슷한(gramineus)'과 '잎(folia)'의 합성어로 작고 처진 줄기가 광선형으로 벼과를 연상시키는 데서, 독일의 난초 분류학자 라이첸바하(H. Reichenbach)가 신종으로 기재하였다.

국명은 꽃 모양이 나비와 비슷한 데서 연유한다.

병아리난초〔*Amitostigma gracile* (Blume) Schlechter/나비난초족 병아리난초속〕

주로 제주도의 저지대, 남부 섬을 비롯한 고지대를 포함한 남부, 중부, 북부 지방(평북, 함북) 등 전국 산의 숲 그늘에 이끼 낀 바위에서 광범위하게 자란다. 바위난초라고도 한다.

땅속에 육질의 통통한 뿌리 한두 개와 가는 뿌리가 있다. 줄기는 가늘고 길게 한쪽으로 비스듬히 올라가고 높이는 8~20센티미터이다. 잎은 줄기의 밑부분에서 약간 위로 1개가 붙고 장타원형으로 길이가 3~8센티미터이며 털이 없고 끝은 둔하거나 날카롭다. 포는 난형으로 1맥이고 끝이 둔하지만 윗부분은 타원형이다. 꽃은 길이 1~4센티미터의 총상 화서로 붙어 6월 하순에서 7월 하순경에 줄기 끝에 한쪽으로 치우쳐 약간 빽빽하게 담자색의 작은 꽃이 핀다. 간혹 백색 꽃이 피는 흰병아리난초(for. *manshuricum*)가 있다.

지리적으로 일본, 중국 등 동아시아 일부에 분포한다.

종소명 'gracile'는 섬세한'이란 뜻의 라틴어로 꽃이 가늘면서도 화서에 빽빽하게 붙는 데서 1856년 네덜란드의 식물학자 블룸(K. Blume)이 미토스티그마속(*Mitostigma*)으로 신종 기재한 후 1919년 쉴레히터가 본속으로 분류하였다.

국명은 난초과 식물 가운데 꽃이 매우 작고 귀여운 형상이므로 병아리에 비유한 데서 연유한다.

나도잠자리란〔*Tulotis ussuriensis* (Regel et Maack) Hara/나비난초족 나도잠자리란속〕

전국에 분포하며 제주, 남부, 중부, 북부 지방(평북, 함남, 함북) 등지의 낙엽수림 밑에서 비교적 광범위하게 무리지어 자란다. 제비잠자리란이라고도 한다.

뿌리는 가늘고 길면서 다소 살이 쪄 통통하고 안쪽 1개에서 싹이 나온다. 줄기는 녹색으로 가늘게 곧추서서 높이는 35센티미터에 달한다. 잎은 가운데에 보통 2개가 붙고 그 위에 여러 개의 작은 포엽이 어긋나며, 길이 5~15센티미터로 좁은 장타원형에서 넓은 도피침형이며 기부는 가늘지 않다. 포는 좁은 피침형으로 꽃과 길이가 비슷하며 끝이 뾰족하다. 꽃은 7월 상순에서 8월 상순에 담록색으로 길이 3~10센티미터의 수상화서로 다수가 빽빽하게 모여 핀다.

지리적으로 일본, 중국, 대만, 남쿠릴 열도, 사할린, 우수리, 아무르, 동시베리아 등에 분포한다.

종소명 'ussuriensis'는 '우수리의'라는 뜻으로 최초 채집지가 우수리 지방인 데서 연유한다. 1861년에 독일의 레겔(E. Regel)과 제정 러시아의 마아크(R. Maack)가 공동으로 플라탄테라 티풀로이데스(*Platanthera tipuloides*)의 변종으로 기재한 후 일본의 식물학자 하라(原 寬)가 본속으로 정리하였다.

국명은 소형의 측화판(側花瓣) 형태와 순판이 제이(J) 모양을 한 모습이 마치 잠자리와 비슷하다는 데에서 연유한다.

큰나도잠자리란〔*Tulotis fuscescens* (Linné) Czerniask/나비난초족 나도잠자리란속〕

제주도를 제외한 전국 각처에 분포하며 남부의 전남·전북, 중부의 강원·경기, 북부의 함남·함북 등지 산의 숲 그늘이나 양지바른 풀밭에서 희귀하게 자란다. 나도잠자리란이라고도 한다.

뿌리는 여러 개가 통통한데, 가장 큰 것에서 화경이 나온다. 줄기는 곧추서서 높이 50센티미터에 달하고 가운데 두세 개의 큰 잎과 그 위에 소수의 작은 포엽이 있다. 잎은 광타원형에서 장타원형으로 어긋나며 길이는 10~20센티미터이다. 포는 좁은 피침형으로 꽃보다 길거나 비슷하고 끝이 뾰족하다. 꽃은 6, 7월경에 길이 7~15센티미터의 수상 화서로 붙어 약간 빽빽히 담록색으로 핀다.

지리적으로 일본, 중국, 사할린, 쿠릴 열도, 시베리아, 알타이 산맥, 중앙 아시아 등 냉·온대 및 아한대에 분포하는 북방계 식물이다.

종소명 'fuscescens'는 '다소 갈색의'란 뜻으로 나도잠자리란에 비하여 꽃이 조금 더 갈색을 띠는 데서 1753년 린네가 오르키스속으로 최초 기재하였다.

국명은 나도잠자리란에 비해 전체적으로 크기나 잎, 화서, 악편, 순판 등이 보다 큰 데서 필자가 개명하였다.

개제비란〔*Coeloglossum viride* (Linné) Hartman var. *bracteatum* (Willdenow) Richter/나비난초족 개제비란속〕

제주, 남부(전남, 경남), 북부 지방의 함북 등지 고산의 숲 그늘에서 매우 희귀하게 자란다. 몽올난초라 부르기도 한다.

뿌리는 일부가 살이 쪄 통통하다. 줄기는 곧추서서 높이 40센티미터에 달하며 털이 없고, 밑부분은 한두 개가 막질의 초로 된 잎에 싸여 있다. 잎은 2개에서 4개(때로 8개)가 비스듬히 올라가 어긋나며, 장타원형에서 넓은 피침형으로 길이 4~10센티미터이며 끝이 둔하지만 위로 갈수록 뾰족하다. 포는 녹색의 막질이며 좁은 피침형으로 길이 1~4센티미터로 꽃보다 길게 나오고 아래의 것은 길이 3~5센티미터이다. 꽃은 길이 4~12센티미터의 수상 화서로 5~12개가 달려 5, 6월경(백두산에서는 7, 8월경)에 담록색 또는 담록색 바탕에 갈색으로 핀다. 간혹 화경과 꽃이 자갈색을 띠는 보라개제비란(for. *phoies*)이 있다.

지리적으로 일본, 중국, 대만, 몽골, 시베리아, 히말라야, 중앙 아시아, 소아시아 반도, 중·서·북부 유럽, 알래스카, 캐나다, 미국 등 광범위하게 분포하는 북방계 식물이다.

종소명 'viride'는 '녹색의'란 뜻으로 기본종 전체가 녹색인 데서 유래하며, 린네가 1753년 사티리움속(*Satyrium*)으로 최초 기재한 후 1820년 스웨덴의 식물학자 하르트만(C. Hartman)이 본속으로 발표하였다. 변종소명 'bracteatum'은 '포엽이 있는'이란 뜻으로 녹색의 포엽이 있는 데서 유래한다. 독일의 빌트노우(K. Willdenow)가 오르키스속으로 분류한 후 1890년 유럽 식물을 연구한 오스트리아의 리히터(K. Richter)가 변종으로 처리하였다.

국명은 제비난초와 같은 부류이기 때문에 붙은 명칭이다.

포태제비란〔*Coeloglossum coreanum* (Nakai) Schlechter/나비난초족 개제비란속〕

북부의 함북, 함남 등지 고산 지역의 잎갈나무 숲 그늘이나 양지바른 풀밭에서 희귀하게 자란다.

뿌리는 손바닥처럼 여러 개가 살이 쪄 통통하다. 줄기는 곧추서서 높이가 약 20센티미터에 달하고 밑부분에 막질로 된 초 모양의 잎이 달린다. 잎은 털이 없고 윗부분에 큰 잎 3개가 피침형으로 어긋나며 끝이 둔하다. 포는 녹색의 좁은 피침형으로 꽃보다 길거나 비슷하다. 꽃은 길이 4~12센티미터의 6, 7개가 총상 화서로 붙어 7, 8월경 담록색 바탕에 갈색으로 핀다. 개제비란과의 구별점은 순판의 측렬편이 길고 중렬편이 희미한 데 비하여 순판의 측렬편과 중렬편이 고르게 3개로 갈라지는 차이가 있다. 한국 특산종인 북방계 식물로 알려졌지만 중국의 동북 지방에도 분포한다. 종소명 'coreanum'은 타입 표본의 산지인 '한국산'이라는 뜻이며 1914년 일본의 식물학자 나카이가 오르키스속의 한국 특산종으로 최초 기재한 것을 1920년 쉴레히터가 동아시아 식물을 정리할 때 본속으로 편입하였다.

국명은 최초 채집지인 함남 포태산의 지명과 꽃 모양이 제비난초와 비슷한 데서 연유한다.

씨눈난초〔*Herminium lanceum* (Thunberg et Swartz) J. Vuijk var. *longicrure*(C. Wright) Hara/나비난초족 씨눈난초속〕

제주의 저지대, 남부 지방의 전남·경남·경북, 중부 지방의 경기·강원, 북부 지방의 함북 등지 다소 양지바른 산의 풀밭에서 매우 희귀하게 자란다. 구슬난초라고도 한다.

땅속에 2개의 구형으로 된 뿌리와 여러 개의 가는 뿌리가 있다. 줄기는 곧추서서 높이 45센티미터 정도이며, 밑부분은 초로 된다. 잎은 서너 개가 어긋나고 길이 8~20센티미터로 피침형이며 끝이 뾰족하고 기부는 줄기를 감싸며 초 모양의 잎으로 된다. 포는 난형의 삼각형으로 1맥이 있고 꽃보다 조금 길거나 짧다. 화경은 길이 5~15센티미터의 수상 화서로 빽빽하게 붙으며, 꽃은 7월 중순에서 8월 중순에 담록색으로 핀다.

지리적으로 일본, 중국, 대만, 태국, 열대 히말라야 등 온대의 동아시아에서 열대 아시아까지 주로 분포하지만 냉대의 동북 아시아에도 분포한다.

종소명 'lanceum'은 라틴어의 '피침형'이라는 뜻으로 피침형의 잎에서 연유하고, 변종소명 'longicrure'는 라틴어의 '긴 다리'라는 의미로 줄기와 화경이 긴 데서, 툰베르히와 스바르츠가 최초로 기재한 것을 일본의 하라가 변종으로 분류하였다.

국명은 땅속의 통통한 육질의 뿌리에서 싹을 내는 데서 연유한다.

나도씨눈란 [*Herminium monorchis* (Linné) R. Brown/ 나비난초족 씨눈난초속]

전남, 경남, 강원, 함남, 함북 등지 다소 양지바른 산의 숲 그늘에서 희귀하게 자란다. 진들난초라고도 한다.

땅속에 구형으로 통통한 뿌리가 있고 기부에서 옆으로 벋는 뿌리가 나온다. 줄기는 녹색으로 곧추서서 높이 45센티미터에 달한다. 잎은 보통 줄기의 밑부분에 2개가 좁은 장타원형으로 어긋나고, 길이 3~10센티미터로 끝이 뾰족하며 기부는 줄기를 감싸서 초 모양의 잎으로 된다. 포는 작고 녹색으로 피침형이며 1개에서 3개가 있고 끝이 꼬리 모양으로 된다. 화경은 길이가 15센티미터에 달하며 빽빽하게 다소 한쪽을 향한 수상 화서로 7, 8월경에 담록색의 꽃이 반쯤 벌어진다.

지리적으로 일본, 중국, 몽골, 시베리아, 고산 히말라야, 중앙 아시아, 소아시아 반도, 러시아, 벨로루시, 스칸디나비아 반도 남부, 중·서부 유럽, 서지중해 연안 등 유라시아 대륙에 분포하는 북방계 식물이다.

종소명 'monorchis'는 '하나 또는 한 개(mono)'와 유럽에서의 난초를 지칭하는 '오르키스속'의 합성어이며, 땅속의 육질로 된 새로운 구근이 하베나리아속처럼 지난해의 구근에서 하나가 떨어져 나오는 데서 1753년 린네가 오피리스속(*Ophrys*)으로 최초 기재한 후, 1813년 브라운이 본속으로 분류하였다.

국명은 씨눈난초와 겉모양 및 생태가 비슷한 데서 연유한다.

큰제비란〔*Platanthera sachalinensis* Fr. Schmidt/나비난초족 제비난초속〕

남부 지방의 경북, 중부 내륙의 경기·강원, 북부 지방의 평북·함남·함북 등지 산의 숲 그늘에서 자라지만 개체수는 많지 않다.

뿌리는 육질로 크고 긴 것이 두세 개 있다. 줄기는 곧추서서 높이 60센티미터 정도이고 희미한 모서리가 있지만 날개는 없다. 잎은 1개에서 3개(보통 2개)가 어긋나고 표면은 윤기가 있으며 장타원형으로 길이가 9~23센티미터이며 끝이 둔하고 기부는 좁아져서 초로 되며 줄기를 감싸고 위로 갈수록 점차 작아져 포와 연결된다. 비늘잎〔鱗片葉〕은 3개에서 10개로 피침형이다. 포는 피침형으로 보통 꽃보다 길고 끝이 뾰족하다. 화경은 길이 8~20센티미터의 수상 화서로 약간 빽빽하게 붙어 6월 하순에서 8월 상순에 녹색을 띤 백색으로 핀다. 지리적으로 일본, 사할린, 남쿠릴 열도 등 냉·온대 및 아고산에 분포하는 북방계 식물이다.

종소명 'sachalinensis'는 라틴어로 '사할린(Sachalin)'의 형용사형이며 1868년 제정 러시아의 식물학자 슈미트(F. Schmidt)가 사할린 탐험에서 최초로 발견하여 그 지명을 따라 신종으로 기재하고 있다.

국명은 제비난초에 비하여 크기, 잎, 화서가 큰 데서 연유하나 겉으로 볼 때 제비난초보다는 산제비란에 더 가까운 형태이므로 '큰산제비란'이란 명칭이 이상적이라고 생각하지만 이미 관용화된 상태이다.

산제비란〔*Platanthera mandarinorum* Reichenbach fil./나비난초족 제비난초속〕

제주, 남부, 중부, 북부 지방(함남, 함북) 등 전국 산지의 양지바른 곳에서 매우 광범위하게 자란다.

뿌리는 육질로 통통한 것과 가는 뿌리가 여럿 있다. 줄기는 똑바로 곧추서며 높이는 40센티미터에 달한다. 잎은 선 모양의 장타원형으로 길이 5~12센티미터이고, 다소 줄기를 감싸며 끝이 뾰족하고 기부가 가장 크며 점차 작아져서 포엽과 연결된다. 피침형 포는 길이가 0.5~2센티미터이고 끝이 뾰족하며 화경은 길이 5~12센티미터의 수상 화서로 된다. 화경이 보다 짧고 포엽이 없거나 한두 개인 것이 짧은산제비란(var. *brachycentron*)이다. 담록색 꽃이 6월 상순에서 8월 상순에 10~35개가 핀다. 기본종과 비슷하지만 거의 길이가 1.7~2센티미터인 긴산제비란(var. *mandarinorum*)이 있고, 거가 위로 올라간 하늘산제비란(var. *neglecta*)도 있다. 황해안과 그 도서 지방에 다수가 자생하며 대부분 하늘산제비란이 분포한다.

지리적으로 일본, 중국, 사할린, 우수리, 동시베리아 등 동아시아에 분포한다.

종소명 'mandarinorum'은 청나라 고급 관리의 '모자(mandarine)'를 지칭하는 단어의 형용사형이며 1852년 중국 대륙(당시의 청나라)에서 라이첸바하가 최초로 채집하여 기재하였는데, 다소 크면서도 기이한 꽃 모양이 동양적인 것을 연상시키는 데서 유래한다.

국명은 자생지가 대부분 산지이고 꽃의 생김새가 제비난초와 비슷한 데서 연유한다.

애기제비란〔*Platanthera maximowicziana* Schlechter/나비난초족 제비난초속〕

제주, 강원 등지 고산의 양지바른 풀밭에서 소수가 자란다.

뿌리는 소수의 가는 뿌리와 통통한 뿌리로 되어 있다. 줄기는 통통한 뿌리에서 나오며 곧추서서 높이 10~20센티미터로 소형이다. 잎은 아래의 1개가 가장 크고 좁은 장타원형으로 길이 3~4센티미터이며, 끝이 둔하고 윗부분의 두세 개는 점차 작아져서 포엽과 연결되며 기부는 줄기를 감싼다. 비늘잎은 피침형으로 작고 포는 장타원상의 피침형으로 길이 0.5~1센티미터이다. 화경은 길이 4~8센티미터의 수상화서로 붙어 7월 중순에서 8월 중순에 담록색으로 아래를 향해 소수가 핀다. 본종은 산제비란에 비하여 작고, 측악편이 뒤로 젖혀지는 데 비해 곧으며 화판이 배악편보다 다소 긴 점 등에서 산제비란의 별종으로 구분한다.

지리적으로 일본, 중국, 남쿠릴 열도, 동시베리아에 분포하는 북방계 식물이다.

종소명 'maximowicziana'는 '막시모비츠의'라는 뜻으로 1919년 쉴레히터가 동아시아산 난초과를 일괄 재검토할 때 막시모비츠에 대한 헌명(獻名)으로 발표하였다.

국명은 산제비란에 비하여 크기가 소형인 데서 연유한다.

제비난초〔*Platanthera metabifolia* F. Maekawa/나비난초족 제비난초속〕

제주도를 제외한 전국 각처에 분포하며 남부, 중부, 북부 지방(함남, 함북) 등 광범위하게 낙엽수림 밑에서 소수가 자란다.

뿌리의 일부가 방추상으로 통통하고 여러 개의 가는 뿌리가 있다. 줄기는 녹색으로 곧추서서 높이 50센티미터에 달한다. 잎은 밑부분에 2개가 어긋나고 장타원형으로 길이가 8~15센티미터, 끝이 둔하고 기부는 가늘어져 초로 되며 윗부분의 잎은 피침형으로 작아진다. 포는 피침형으로 꽃보다 짧고 끝이 뾰족하다. 화서는 길이 8~16센티미터이며, 다소 빽빽하게 수상으로 달려 6월 상순에서 7월 중순에 조금 큰 편인 꽃이 백색으로 피고 향기가 있다.

지리적으로 일본, 중국, 사할린, 남쿠릴 열도, 오호츠크해 연안, 시베리아에 분포하는 북방계 식물이다.

종소명 'metabifolia'는 '다른(meta)'과 '두 개의 잎(bifolia)' 또는 본속의 기본종으로 동시베리아에서 유럽의 대부분에 분포하는 '플라탄테라 비폴리아(*Platanthera bifolia*)'라는 종소명의 합성어로 비교종과 다른 데서 일본의 마에카와(前川文夫)가 명명하였다.

국명은 꽃의 생김새가 제비를 연상시키는 데서 연유한다.

갈매기난초〔*Platanthera japonica* (Thunberg) Lindley/나비난초족 제비난초속〕

제주의 낙엽수림대, 전남·경남 등지에 소수가 산지의 다소 양지바른 초원 및 습한 숲 속에서 자란다.

뿌리는 통통한 편이며 여러 개가 굵은 끈 모양으로 길게 옆으로 자라고 가장 큰 뿌리에서 싹이 돋는다. 줄기는 녹색으로 곧추서서 높이 60센티미터에 달한다. 잎은 3개에서 5개(때로 8개)가 어긋나고, 장타원형으로 길이가 10~20센티미터이고, 기부는 짧은 초로 되며 윗부분의 두세 개는 광선형으로 작아지고 끝이 날카롭다. 포는 선 모양의 피침형에 꽃보다 약간 길며 끝이 뾰족하다. 화경은 길이 10~20센티미터의 빽빽한 수상 화서로 15~26개가 붙어 5월 하순에서 7월 상순에 백색으로 피고 향기가 있다.

지리적으로 일본, 중국에 분포하는 남방계 식물로 동아시아계 식물이다.

종소명은 타입 표본의 산지인 '일본산'이라는 의미로 일본에서 채집하여 명명한 툰베르히가 신종 기재한 후 영국의 저명한 식물학자로 특히 난초를 애호한 린들리가 본속으로 분류하였다.

국명은 꽃의 생김새가 갈매기를 연상시키는 데서 연유한다.

흰제비란〔*Platanthera hologlottis* Maximowicz/나비난초족 제비난초속〕

제주, 남부 지방(전남, 부산, 경남, 대구, 경북), 중부 지방(서울, 경기, 강원), 북부 지방(평북, 함북) 등 전국 각처 산지의 습지에서 광범위하지만 희귀하게 자란다.

뿌리는 약간 통통하며 옆으로 자란다. 줄기는 녹색으로 둥글며 곧추서서 높이가 90 센티미터에 달한다. 잎은 5개에서 12개가 어긋나고, 밑부분의 4개에서 6개는 대형이며 선 모양의 피침형으로 길이 10~20센티미터, 끝이 날카롭고 기부는 초로 되며 윗부분의 것은 점차 작아진다. 포는 선 모양의 피침형으로 꽃보다 길거나 짧으며 끝이 뾰족하다. 화경은 길이 10~20센티미터의 빽빽한 수상 화서로 붙어 7월 중순에서 8월 상순에 백색으로 피며 향기가 있다.

지리적으로 일본, 중국, 우수리, 아무르, 동시베리아, 남쿠릴 열도 등 동아시아의 냉·습지대에 분포하는 북방계 식물이다.

종소명 'hologlottis'는 그리스어의 '전체(holo)'와 '혀(glossa)'의 합성어로 순판이 특별히 눈에 띄는 데서 1859년 막시모비츠가 동시베리아에서 채집한 것을 신종으로 기재하였다.

국명은 꽃 모양이 제비난초와 비슷하고 꽃의 색이 백색인 데서 연유한다.

큰방울새란〔*Pogonia japonica* Reichenbach fil./애기무엽란족 큰방울새란속〕

제주를 비롯한 전국의 양지바른 습지에서 자라지만 방울새란보다는 조금 더 냉대지역에까지 분포한다.

뿌리는 조금 단단하며 가늘고 길게 옆으로 벋는다. 줄기는 곧추서서 높이가 30센티미터에 달한다. 잎은 줄기 가운데에 1개가 약간 곧추서서 붙고 길이 3~10센티미터로 좁은 장타원형이며 끝이 둔하고 다소 줄기를 감싸며 황색을 띤 녹색이다. 밑부분은 가늘어지며 날개 모양으로 줄기의 아래를 향하지만 초로 되지 않는다. 포는 1개가 잎 모양으로 길이는 2~4센티미터이며 보통 자방보다 길다. 꽃은 홍자색으로 6월 상순에서 7월 상순에 줄기 끝에서 1개가 달린다. 간혹 백색 꽃이 피는 흰큰방울새란(for. *albiflora*)이 있다.

지리적으로 일본, 중국, 남쿠릴 열도, 우수리, 아무르, 동시베리아 등 동북 아시아에 분포한다.

종소명은 타입 표본의 산지인 '일본산'이라는 의미로 1852년 라이첸바하가 신종으로 기재하였다.

국명은 방울새란에 비하여 전체적으로 크기나 잎, 꽃, 자방 등이 보다 큰 데서 연유한다.

방울새란〔*Pogonia minor* (Makino) Makino/애기무엽란족 큰방울새란속〕

전국에 분포하며 제주 저지대, 전남, 전북, 경북, 충남, 충북, 서울, 경기, 강원 등 양지바른 산의 풀밭에서 자라고 개체수는 적지만 드문드문 분포한다.

뿌리는 옆으로 벋으며 여기에서 줄기가 나온다. 큰방울새란과 비슷하지만 다소 작고 줄기는 곧추서서 높이 25센티미터 정도 된다. 잎은 도피침형에서 좁은 장타원형으로 길이 3~7센티미터이며 가운데에 1개가 달려 줄기를 감싸고 끝이 뾰족하다. 포는 1개가 잎 모양으로 소형이다. 꽃은 5월 하순에서 6월 하순경 줄기 끝에 1개(간혹 2개)가 달리고 백색 바탕에 담홍자색이 돌며 반쯤 벌어진다. 때로 백색 꽃이 피는 흰방울새란(for. *albiflora*)이 있다.

지리적으로 일본, 대만 등지에 분포하는 동아시아계 식물이다.

종소명 'minor'는 라틴어의 '작은(parva)'의 비교급인 '보다 작은'이란 의미로 큰방울새란에 비하여 일반적으로 보다 작은 데서 유래한다. 일본의 식물학자 마키노(牧野富太郎)가 1898년 큰방울새란의 변종으로 최초 기재한 후 1909년 종으로 승격시켜 명명하였다.

국명은 꽃의 색이 방울새의 색채와 비슷한 데서 연유한다.

쌍잎난초〔*Listera pinetorum* Lindley/애기무엽란족 쌍잎난초속〕

북부 지방(평북, 함남, 함북)의 고산 지대 침엽수림 밑에서 소수가 자란다.

뿌리는 여러 개가 가늘게 옆으로 벋는다. 줄기는 부드러우며 섬세하고 모서리가 있으며 곧추서서 높이가 20센티미터에 달하며, 가운데에서 잎이 나오고 그 위에 부드러운 털이 있다. 잎은 2개가 근접한 어긋나기로 3개의 맥이 있으며 콩팥 비슷한 염통 모양으로 길이 1.5~3센티미터이고 끝이 둔하거나 뾰족하다. 포는 길이가 0.1~0.2센티미터로 알 모양의 피침형이다. 꽃은 원줄기 끝에 5개에서 10개가 총상 화서로 달리며 7, 8월경에 담록색을 띤 갈색으로 핀다.

지리적으로 일본, 중국, 사할린, 남쿠릴 열도, 시베리아, 히말라야, 유럽, 북아메리카 등 냉·온대에 분포하는 북방계 식물이다.

종소명 'pinetorum'은 '소나무 숲의'라는 의미로 소나무가 자라는 지역에서 자생하는 데서 유래했으며 1857년 린들리가 히말라야산으로 기재하였다. 한편 우리나라에서는 1914년 나카이가 쌍잎난초속 중에서 '보다 크다'는 의미에서 명명한 리스테라 마조르(*Listera major*)를 학명으로 사용하는 경향이 강하다.

국명은 마주난 것 같이 근접해서 어긋나는 두 개의 잎에서 연유한다.

닭의난초〔*Epipactis thunbergii* A. Gray/애기무엽란족 닭의난초속〕

제주 한라산을 비롯한 남부와 중부 지방의 양지바른 산간 습지에서 자란다. 기록에는 분포의 범위를 제주 한라산을 비롯한 남부와 중부 지방으로 한정하고 있지만 북부 지방에도 자생한다.

뿌리는 마디에서 여러 개 나오며 근경이 옆으로 뻗는다. 줄기는 원기둥 모양으로 곧추서서 높이 70센티미터에 달하고 기부는 다소 자색을 띠며 서너 개의 초 모양으로 된 잎이 있다. 잎은 6개에서 12개가 어긋나게 붙으며 좁은 난형에서 넓은 피침형으로 길이 6~13센티미터이고, 두터운 육질로 잎의 맥이 뚜렷하며 끝이 점차 뾰족해진다. 포는 잎 모양으로 꽃보다 짧다. 꽃은 6월 중순에서 7월 하순에 총상 화서로 10여 개가 한쪽을 향해 주황색을 띤 갈색으로 핀다.

지리적으로 일본, 중국, 우수리 등 동북 아시아에 분포한다.

종소명 'thunbergii'는 '툰베르히의'란 뜻으로 스웨덴의 식물학자 툰베르히가 1784년 세라피아스 롱기폴리아(*Serapias longifolia*)로 신종 기재한 것을 미국의 식물학자 그레이(A. Gray)가 일본산을 동정하면서 그를 기념하기 위한 헌명으로 1856년 명명하였다.

국명은 꽃의 색이 토종닭 깃털의 색채와 비슷한 데서 연유한다.

청닭의난초〔*Epipactis papillosa* Franchet et Savatier/애기무엽란족 닭의난초속〕

경북, 충북, 강원, 황해, 함북 등지 혼합 수림의 숲 속이나 양지바른 풀밭에서 희귀하게 자란다.

근경은 짧지만 여러 개가 옆으로 벋는다. 줄기는 곧추서서 높이가 70센티미터에 달하며 화서와 함께 꼬불꼬불한 갈색의 짧은 털이 있다. 잎은 5개에서 7개가 어긋나고 길이 7~12센티미터로 알 모양의 타원형에서 넓은 피침형이고 기부의 한두 개는 초 모양이며 밑부분은 줄기를 감싸고 다소 세로로 주름이 있으며 가장자리와 맥 위에 짧은 털 모양의 돌기가 있고 끝이 날카롭다. 포는 잎 모양으로 된 피침형이며 꽃보다 길다. 꽃은 한쪽으로 치우친 화서를 만들어 다수 붙으며 담록색으로 7월 중순에서 8월 상순 사이에 핀다.

지리적으로는 일본, 중국, 우수리, 아무르, 사할린, 쿠릴 열도, 캄차카 반도, 동시베리아 등의 동북아시아에 분포하는 북방계 식물이다.

종소명 'papillosa'는 표피 세포가 젖꼭지 모양을 하고 있으므로 '젖꼭지 모양의 돌기(papilla)'라는 라틴어에서 유래하며, 1879년 프랑스의 식물학자로 아시아 식물을 연구한 프란체와 일본 식물을 연구한 사바티에가 일본산을 신종으로 기재하였다.

국명은 꽃의 색이 닭의난초에 비하여 담록색인 데서 연유한다.

금난초〔*Cephalanthera falcata* (Thunberg) Blume/애기무엽란족 은대난초속〕
인천 지역의 도서와 경기 남부, 강원 남부 등 중부 이남의 산이나 구릉지의 숲 그늘에서 자란다.
뿌리는 길게 여러 개가 옆으로 번지만 근경은 짧다. 줄기는 곧추서서 높이 70센티미터에 달한다. 잎은 6개에서 8개가 어긋나고, 길이 8~15센티미터로 장타원상의 피침형이며 털이 없고 세로로 주름이 지는 경향이 있으며, 기부는 줄기를 감싸며 끝이 뾰족하다. 간혹 잎에 백색의 줄이 있는 흰줄금난초(for. *variegata*)가 있다. 포는 막질의 삼각형으로 길이가 약 0.2센티미터이다. 꽃은 황색으로 3개에서 16개가 수상화서로 붙어 4월 하순에서 6월 상순에 피고 벌어지지 않는다. 간혹 백색 꽃으로 피는 백금난초(for. *albescens*)가 있다.
지리적으로 일본, 중국 등 동아시아에 분포하는 다소 남방계 요소를 지닌 식물이다.
종소명 'falcata'는 라틴어의 '낫 모양의'라는 뜻으로 화판의 모양이 굽어진 데서 1784년 툰베르히가 세라피아스속(*Serapias*)으로 신종 발표한 후, 1858년 블룸이 일본산 표본을 본속으로 분류하였다.
국명은 황색의 꽃을 황금색에 비유한 데서 연유한다.

은난초〔*Cephalanthera erecta* (Thunberg) Blume/애기무엽란족 은대난초속〕

인천, 경기, 강원 이남 등으로 금난초보다 북쪽인 중부 이남의 숲 그늘에서 자란다. 뿌리는 다소 짧고 옆으로 번으며 근경도 짧다. 줄기는 녹색으로 곧추서서 높이 40센티미터 정도이고 털이 없다. 잎은 3개에서 6개가 어긋나며 좁은 장타원형으로 길이가 3~8.5센티미터이고, 기부가 좁아져서 원줄기를 감싸며 끝이 뾰족하다. 포는 좁은 삼각형으로 길이가 0.1~0.3센티미터이며 때로 아래의 한두 개는 길기도 하지만 화서보다 짧다. 꽃은 3개에서 15(17)개가 원줄기 끝에 수상 화서로 달려 4월 하순에서 5월 하순에 백색으로 피며 곧추서지만 벌어지지 않는다.

지리적으로 일본, 중국 등에 분포하는 동아시아계 식물이다.

종소명 'erecta'는 라틴어의 '곧추선다'라는 의미로 꽃이 곧추서는 수상 화서로 붙어 있는 데서 1784년 툰베르히가 세라피아스속으로 최초 기재한 후 1858년 블룸이 일본산 표본을 본속으로 분류하였다.

국명은 백색의 꽃을 은색으로 여겨 붙여진 데서 연유한다.

꼬마은난초〔*Cephalanthera subaphylla* Miyabe et Kudo/애기무엽란족 은대난초속〕

제주, 전북, 경남, 경북, 충남 지역의 낙엽수림 밑 숲 그늘에서 매우 희귀하게 자라는 종이다.

짧은 근경과 약간 끝이 통통한 뿌리가 6개에서 10개 정도 옆으로 벋는다. 줄기는 곧추서서 높이가 20센티미터 정도이며 밑부분은 백색이고 두세 개의 초 모양으로 된 잎이 달리며 점차 윗부분으로 갈수록 녹색을 띤다. 잎은 막질로 길이가 1.7~3센티미터이며 윤기가 나고 뚜렷한 소수의 맥이 있으며 끝이 뾰족하다. 포는 알 모양의 피침형이고 아래의 것은 길이 1.2~2센티미터로 다음해까지 남는다. 화경을 감싸는 비늘잎은 없다. 꽃은 4월 하순에서 5월 중순경 줄기 끝에 백색으로 두세 개에서 대여섯 개가 총상 화서로 반쯤 벌어져 핀다. 잎의 길이가 3~8.5센티미터인 점, 3개에서 6개인 은난초에 비하여 잎이 비늘 모양으로 두세 개가 붙어 있는 점에서 은난초와는 별종으로 구분한다.

지리적으로 일본에 국한된 희귀종이다.

종소명 'subaphylla'는 라틴어의 '거의(sub)'와 '잎이 없는(aphylla)'의 합성어이며 초 모양으로 된 잎의 형태가 마치 잎이 없는 것처럼 보이는 데서 유래한 것이며 1932년 일본의 식물학자 미야베와 구도가 신종으로 분류하였다.

국명은 은난초에 비하여 꽃이 작은 데서 연유한다.

은대난초〔*Cephalanthera longibracteata* Blume/애기무엽란족 은대난초속〕
제주도를 비롯한 한반도 전역의 산의 숲 그늘에서 자란다. 댓잎은난초라고도 한다.
뿌리는 다소 단단한 것이 여러 개 있고 근경은 짧게 옆으로 벋는다. 줄기는 곧추서서 높이 50센티미터에 달하며 가는 편이다. 잎은 5개에서 9개가 어긋나고 좁은 장타원형으로 길이 5~15센티미터이고 뚜렷한 세로맥이 10여 개 있으며, 기부에 초 모양의 잎이 있고 끝이 뾰족하다. 잎의 뒷면과 가장자리 및 화서와 자방 등에 백색의 짧은 털 모양의 돌기가 있다. 포는 선형에서 광선형으로 아래의 한두 개는 보통 화서보다 길다. 꽃은 4~15개가 총상 화서로 붙어 5월 상순에서 6월 상순에 백색으로 피지만 벌어지지 않는다. 간혹 꽃이 회색을 띤 황갈색으로 피는 회백은대난초(for. *lurida*)와 황해 구월산에 자생하는 곶은대난초(var. *multiflora*)가 있다. 타래난초, 옥잠난초와 더불어 한국산 3대 난초 중의 하나이다.
지리적으로 일본, 중국, 우수리, 사할린, 쿠릴 열도 등 동북 아시아에 분포한다.
종소명 'longibracteata'는 라틴어의 '길다(longus)'와 '포엽이 있는(bracteatus)'의 합성어로 화서 가운데 맨 아래의 꽃을 포함한 두세 개가 꽃보다 높이 나오는 녹색의 포엽이 있는 데서 1858년 네덜란드의 블룸이 일본산 표본을 동정하여 신종으로 명명하였다.
국명은 세로로 된 단단한 잎의 맥을 대나무의 잎에 비유하여 붙였다.

김의난초〔*Cephalanthera longifolia*(Hudson) Fritsch/애기무엽란족 은대난초속〕
강원도 일부 지역 산의 다소 양지바른 풀밭에서 극히 귀하게 자란다. 조금 단단한 가는 뿌리가 다수 있고 근경은 짧게 옆으로 벋는다. 줄기는 높이가 50~70센티미터로 곧추서며 털이 없고 윤기가 나며 담록색을 띤다. 잎은 길이 5~15센티미터이고 피침형 또는 알 모양의 피침형으로 4~7개가 어긋나며 털이 없고, 끝이 뾰족하고 뚜렷한 세로맥이 10여 개 있으며 기부에 초 모양으로 된 잎이 있다. 포는 선형이거나 광선형으로 아래의 것 1개는 꽃보다 길며 윗부분의 것은 왜소하여 자방보다 짧다. 꽃은 4월 하순에서 5월 중순에 총상 화서로 10~35개가 붙어 백색으로 피며 다소 벌어지고, 순판에 황색이 돌출되어 있다.
지리적으로 중국(서남, 서북, 화북), 네팔, 아프가니스탄, 중앙 아시아, 북아프리카, 유럽에까지 광범위하게 자생한다.
종소명 'longifolia'는 라틴어의 '길다'와 '잎(folia)'의 합성어로 긴 잎이 있는 데서 연유한다.
국명은 강원도 삼척의 삼척 김씨 시조 묘에서 발견된 데서 필자가 명명하였다.

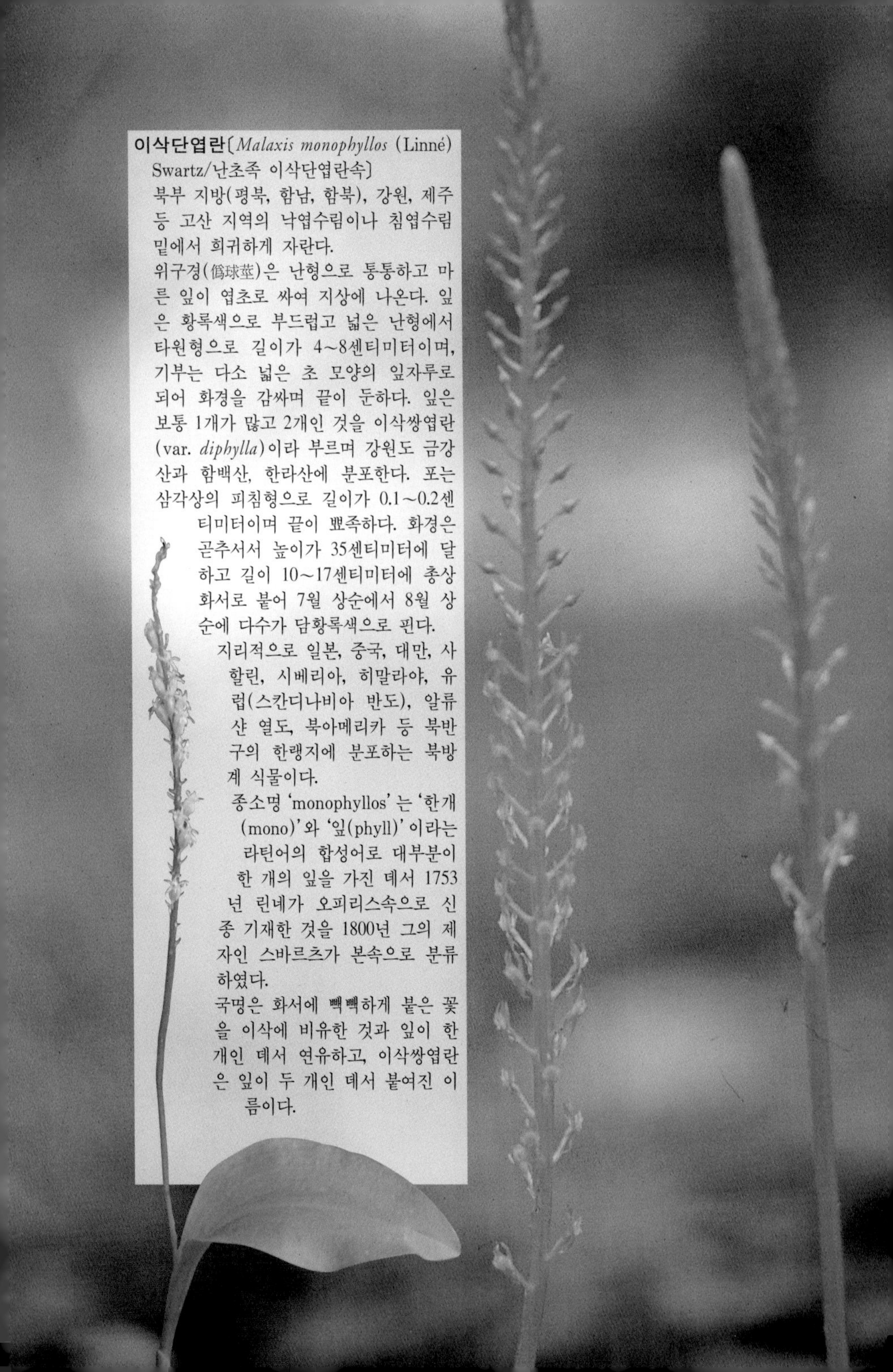

이삭단엽란〔*Malaxis monophyllos* (Linné) Swartz/난초족 이삭단엽란속〕

북부 지방(평북, 함남, 함북), 강원, 제주 등 고산 지역의 낙엽수림이나 침엽수림 밑에서 희귀하게 자란다.

위구경(僞球莖)은 난형으로 통통하고 마른 잎이 엽초로 싸여 지상에 나온다. 잎은 황록색으로 부드럽고 넓은 난형에서 타원형으로 길이가 4~8센티미터이며, 기부는 다소 넓은 초 모양의 잎자루로 되어 화경을 감싸며 끝이 둔하다. 잎은 보통 1개가 많고 2개인 것을 이삭쌍엽란(var. *diphylla*)이라 부르며 강원도 금강산과 함백산, 한라산에 분포한다. 포는 삼각상의 피침형으로 길이가 0.1~0.2센티미터이며 끝이 뾰족하다. 화경은 곧추서서 높이가 35센티미터에 달하고 길이 10~17센티미터에 총상화서로 붙어 7월 상순에서 8월 상순에 다수가 담황록색으로 핀다.

지리적으로 일본, 중국, 대만, 사할린, 시베리아, 히말라야, 유럽(스칸디나비아 반도), 알류샨 열도, 북아메리카 등 북반구의 한랭지에 분포하는 북방계 식물이다.

종소명 'monophyllos' 는 '한개(mono)' 와 '잎(phyll)' 이라는 라틴어의 합성어로 대부분이 한 개의 잎을 가진 데서 1753년 린네가 오피리스속으로 신종 기재한 것을 1800년 그의 제자인 스바르츠가 본속으로 분류하였다.

국명은 화서에 빽빽하게 붙은 꽃을 이삭에 비유한 것과 잎이 한 개인 데서 연유하고, 이삭쌍엽란은 잎이 두 개인 데서 붙여진 이름이다.

자란〔*Bletilla striata* (Thunberg) Reichenbach fil./난초족 자란속〕

전남의 서남 해안 및 도서의 바닷가에 가까운 야산의 양지바른 풀밭에서 자란다.

위구경은 육질의 다소 편평한 원형으로 지름이 3센티미터 정도이며 옆으로 연결되고 속은 백색인데 백급(白芨)이라 하여 한약재로 이용된다. 잎은 기부에서 대여섯 개가 어긋나고 장타원형에서 피침형으로 길이 15~30센티미터이고 세로로 주름이 있으며 끝이 뾰족하다. 간혹 잎에 백색의 줄이 있는 흰줄자란(for. *albomarginata*)이 있다. 포는 장타원 모양의 넓은 피침형으로 길이 2~3센티미터, 홍자색으로 꽃이 필 때 1개씩 탈락한다. 화경은 가늘고 단단하게 잎 사이에서 나오며 꽃은 5월 중순에서 6월 상순에 길이 30~70센티미터의 총상 화서로 붙어 3개에서 7개의 홍자색으로 피며 조금 큰 편이다. 간혹 백색의 꽃이 피는 백화자란(for. *gebina*)이 있다. 관상용이나 약용으로 마구 채취하여 멸종 위기에 있어 보호해야 할 종이다.

지리적으로 일본, 중국, 대만 등 난대의 동아시아에 분포하는 남방계 식물이다.

종소명 'striata'는 라틴어의 '힘줄이 있는'이란 뜻으로 잎의 맥이 뚜렷한 데서 기인하며 툰베르히가 최초 기재한 후 라이첸바하가 1853년 본속으로 분류하였다.

국명은 꽃의 색이 홍자색으로 피는 데서 연유한다.

한라옥잠난초〔*Liparis auriculata* Blume/난초족 옥잠난초속〕

제주 한라산 계곡의 이끼 낀 바위 위에서 매우 희귀하게 자란다. 1991년 7월 제주에서 필자가 발견한 미기록종으로 제주 고유 분포종이다.

위구경은 직경 약 1.5센티미터로 짧은 알 모양의 구형이며 땅 위에 나와 있고 마른 엽초로 싸여 있다. 잎은 2개가 지난해의 위구경에서 나오며 세로로 된 줄이 있고, 넓은 난형에서 알 모양의 원형으로 길이가 5~12센티미터이며 기부는 때로 조금 둥근 모양의 하트형이고 끝이 급히 뾰족해진다. 포는 피침 모양의 삼각형으로 길이는 0.2~0.3센티미터이며 비스듬히 올라가서 벌어지고 끝이 날카롭다. 화경은 곧추서서 높이가 30센티미터에 달하고 녹색과 자색이 있으며 꽃은 10여 개가 다소 빽빽하게 모여 7월 중순에서 하순 사이에 담황록색으로 핀다.

지리적으로 일본, 대만의 난대 지역에 분포하는 남방계 식물이다.

종소명 'auriculata'는 라틴어의 '귀 모양의'라는 뜻으로 잎의 모양이 귀를 닮은 데서 블룸이 1865년 신종으로 기재하였다.

국명은 제주도 한라산 북서쪽 해발 900미터 지점에서 발견하여 채집지인 한라산과 옥잠난초를 닮은 데서 합하여 필자가 명명하였다.

옥잠난초〔*Liparis kumokiri* F. Maekawa/난초족 옥잠난초속〕

제주도 한라산을 비롯한 전국의 낙엽수림 밑에서 비교적 흔하게 자란다. 이 종은 다수가 매우 광범위하게 자생하는 타래난초, 은대난초와 더불어 한국산 3대 난초 중의 하나이다.

위구경은 지름 1~1.5센티미터로 알 모양의 구형이며 보통 땅 위에 나와 있고 마른 엽초에 싸여 있다. 잎은 2개가 지난해의 위구경 옆에서 나오며 타원형에서 장타원형으로 길이가 5~15센티미터이며, 끝이 둔하지만 가장자리는 보통 가는 주름이 지고 기부는 좁아져서 잎자루로 옮겨진다. 포는 알 모양의 삼각형으로 벌어지고 길이는 0.1~0.15센티미터이며 끝이 뾰족하다. 화경은 곧추서서 높이 30센티미터에 달하며 모서리에 좁은 날개가 있다. 꽃은 5개에서 30개가 5월 하순에서 6월 하순에 담록색으로 피는 푸른옥잠난초(for. *viridis*)와 흑자색으로 피는 보라옥잠난초(for. *purpureus*)가 있다.

지리적으로 일본, 중국, 남쿠릴 열도 등 동아시아에 분포한다.

종소명 'kumokiri'는 일본어의 '운절초(雲切草)' 또는 '운산초(雲散草)'를 라틴어화한 것으로 1936년 일본의 식물학자 마에카와가 신종으로 기재하였다.

국명은 잎의 형태가 옥잠화와 비슷한 데서 연유한다.

나나벌이난초〔*Liparis krameri* Franchet et Savatier/난초족 옥잠난초속〕

제주도 한라산을 비롯한 남부, 중부, 북부 지방(평남, 평북, 함남) 등 전국 각처에 분포하며 산림 내의 부식토가 많은 곳에서 자란다. 나나니난초라고도 한다.

위구경은 알 모양의 원형으로 녹색이고 거의 땅 위에 나와 있어 마른 엽초에 싸여 있으며 아래에 가는 뿌리가 여러 개 있다. 잎은 지난해의 위구경 옆에서 2개가 근접한 어긋나기로 나며 광타원형으로 길이가 3~10센티미터이며 끝이 조금 뾰족하다. 또 가장자리는 잔주름이 있고 기부가 좁아져서 짧은 초로 되며 옆으로 벋는 2차의 맥이 뚜렷하다. 포는 삼각형으로 벌어지고 길이가 0.1~0.15센티미터이며 끝이 뾰족하다. 화경은 곧추서서 높이 20센티미터에 달하며 모서리와 좁은 날개가 있다. 전체가 소형으로 잎의 길이가 약 3센티미터이고 악편과 순판도 작다. 제주 한라산과 전남 백운산에 분포하는 애기나나벌이난초(var. *shichitoana*)도 있다. 꽃은 5월에서 7월경에 10개에서 20개가 총상 화서로 붙어 담록색으로 피는 푸른나나벌이난초(for. *viridis*)와 흑자색으로 피는 보라나나벌이난초(for. *purpureus*)가 있다.

지리적으로 일본, 중국 등 동북 아시아에 분포한다.

종소명 'krameri'는 1870년경 일본에서 식물을 채집한 크레이머(Kramer)를 기념하기 위한 헌명으로 1879년 프랑스의 프란체와 사바티에가 공동으로 일본산을 기재하였다. 국명은 꽃의 형태가 나나니벌과 비슷한 것에 유래한다.

나리난초〔*Liparis makinoana* Schlechter/난초족 옥잠난초속〕

제주 한라산을 비롯한 전국 각처에 분포하며 남부, 중부, 북부 지방(평북, 함남) 등 산지의 숲 밑에서 자란다. 광범위하게 자생하지만 옥잠난초에 비하여 개체수는 적다.

위구경은 알 모양의 구형으로 길이가 0.8~1.2센티미터이며 녹색을 띠고 마른 엽초로 싸여 있으며 거의 땅 위에 나와 있다. 잎은 2개가 지난해의 위구경 옆에서 나와 두세 개의 초 모양으로 된 잎에 싸여 어긋나고 타원형에서 장타원형으로 길이가 4~12센티미터이며 끝이 둔하거나 다소 뾰족하며 가장자리는 물결 모양이다. 포는 알 모양의 삼각형에서 삼각형으로 벌어지며 길이 0.1~0.2센티미터이며 끝이 뾰족하고 흑자색을 띤다. 화경은 녹색을 띠며 곧추서서 높이 35센티미터에 달하고 모서리가 있다. 꽃은 5, 6월경 진한 자색으로 10~25개가 총상 화서로 붙는다.

지리적으로 일본, 중국, 대만, 우수리 등 일부의 동아시아에 분포한다.

종소명 'makinoana'은 '마키노의'라는 뜻으로 본종을 북아메리카에 분포하는 리파리스 릴리폴리아(*Liparis liliifolia*)로 동정하였던 것을 1919년 쉴레히터가 동아시아산의 난초과를 재검토할 때 일본의 마키노가 세밀히 관찰하고 그린 것을 기념하기 위하여 신종으로 명명하였다.

국명은 잎의 형태가 백합(나리)과 같이 생긴 데서 연유하며, 북아메리카에 분포하는 본종과 근연종인 릴리폴리아(*L. liliifolia*)의 종소명도 백합에서 유래한다.

키다리난초〔*Liparis japonica* (Miquel) Maximowicz/난초족 옥잠난초속〕

제주도를 제외한 전국 각처에 분포하며 남부, 중부, 북부 지방(함북) 등 산지의 숲 속에서 소수가 자란다.

위구경은 녹색의 타원 모양의 구형으로 길이가 0.6~1.2센티미터이며 땅 위에 나와 있고 마른 엽초로 싸여 있다. 잎은 2개가 지난해의 위구경 옆에서 나오며 난형에서 알 모양의 장타원형으로 길이가 6~12센티미터이며, 끝이 둔하거나 다소 뾰족하다. 기부는 쐐기형으로 초 모양의 자루가 되고 가장자리에 주름이 약간 있으며 서너 개의 초 모양으로 된 잎에 싸인다. 포는 길이 0.1센티미터 정도이고 알 모양의 삼각형으로 벌어지며 끝이 뾰족하다. 화경은 녹색을 띠고 곧추서서 높이 40센티미터에 달하며 모서리와 좁은 날개가 있다. 꽃은 6월 하순에서 8월 상순에 다수가 총상 화서로 붙어 담록색으로 피는 푸른키다리난초(for. *viridiflora*)와 흑자색으로 피는 보라키다리난초(for. *purpureus*)가 있다.

지리적으로 일본, 중국, 아무르, 우수리 등 동북 아시아에 분포한다.

종소명은 '일본산'이란 뜻으로 1866년 네덜란드의 식물학자 미쿠엘(F. Miquel)이 일본에서 최초로 채집하여 미크로스틸리스속(*Microstylis*)으로 기재한 후 1887년 막시모비츠가 본속으로 분류하였다.

국명은 나리난초에 비하여 화경과 잎이 다소 큰 데서 연유하지만 반드시 그런 것은 아니다.

참나리난초 [*Liparis koreana* Nakai/ 난초족 옥잠난초속]

평북, 함남, 함북 등 북부 지방의 낙엽수림 밑에서 희귀하게 자란다. 한국 특산종이다.

위구경은 길이가 1~1.5센티미터로 난형이고 지상에 나와 있다. 잎은 2개가 지난해의 위구경 옆에서 나와 비스듬히 서며, 타원형에서 장타원형으로 길이가 5~15센티미터 정도이다. 기부가 좁아져서 잎자루의 날개처럼 되고 끝은 둔하며 가장자리에 가는 주름이 진다. 포는 알 모양의 삼각형으로 길이가 1~2센티미터이며 끝이 뾰족하다. 화경은 곧추서서 높이가 30센티미터에 달하며 모서리에 좁은 날개가 있다. 꽃은 총상 화서로 6, 7월경에 15개에서 30개가 붙으며 담록색으로 피는 푸른참나리난초(for. *viridiflora*)와 흑자색으로 피는 보라참나리난초(for. *purpureus*)가 있다.

순판이 중앙부에서 밑으로 활처럼 굽어지고 중앙부에 홈이 있는 점, 악편이 녹색인 점, 화기(花期)가 같은 점 등에서 참나리난초로 동정하며 경기·강원 내륙 산간 등의 중부 지방에도 자생한다.

종소명 'koreana'는 타입 표본의 산지인 '한국산'이란 뜻으로 1931년 나카이가 나리난초의 변종으로 발표하였다가 1952년 종으로 승격하여 기재하였다.

국명은 나리난초와 비슷한 데서 연유한다.

하휴면 낙엽성 지생종

(夏休眠 落葉性 地生種)

타래난초〔*Spiranthes sinensis* (Persoon) Ames var. *amoena* (M. Bieberstein) Hara/애기무엽란족 타래난초속〕

한반도 전역과 도서·제주 등의 양지바른 들이나 묘지 및 둑에서 흔히 자란다. 광범위하고 흔하게 자생하는 한국산 3대 난초 중의 하나이다.

뿌리는 네다섯 개로 통통하게 살이 찐 모양이다. 줄기는 원기둥 모양으로 곧추서서 높이가 40~60센티미터에 달하고 1개에서 3개의 압축된 피침형의 비늘잎이 있다. 잎은 비스듬히 올라가고 선형으로 길이 5~20센티미터이며 기부는 짧은 초로 되며 끝이 둔하다. 포는 좁은 알 모양의 피침형으로 길이가 0.4~0.8센티미터이며 끝이 길고 날카롭다. 꽃은 5월에서 8월경에 나사 모양으로 꼬인 수상 화서를 만들어 담홍색으로 핀다. 간혹 꽃이 백색으로 피는 흰타래난초(for. *albescens*)가 있다.

지리적으로 일본, 중국, 대만, 사할린, 쿠릴 열도, 시베리아, 동남 아시아, 히말라야, 남아시아, 아프가니스탄, 이란, 남아메리카(파라과이), 뉴칼레도니아, 오스트레일리아, 뉴질랜드 등 난초과에서 가장 광범위하게 분포하는 종이다.

종소명 'sinensis'는 타입 표본의 산지인 '중국산'이란 뜻이며, 변종소명 'amoena'는 '귀여운'이란 의미로 꽃의 형상에서 유래한다. 1807년 프랑스의 페르순(C. Persoon)이 네오티아 시넨시스(*Neottia sinensis*)로 기재한 것을, 1908년 미국의 난초 분류학자 아메스(O. Ames)가 본속으로 분류한 것과 1819년 독일의 비베르스타인(B. M. Bieberstein)이 네오티아 아모에나(*Neottia amoena*)로 발표한 것을 일본의 하라가 두 종의 변종으로 처리하였다.

국명은 화서가 나사 모양으로 비틀려 꼬인 데서 연유한다.

풍선난초〔*Calypso bulbosa* (Linné) Reichenbach fil./난초족 풍선난초속〕

북부 지방의 함남, 함북 등지 침엽수림 밑에서 매우 희귀하게 자란다.

위구경은 좁은 난형에서 방추상으로 통통하고 끝에서 잎과 줄기가 1개씩 나온다. 잎에는 길이 1.5~4센티미터의 잎자루가 있고 잎몸은 난형에서 알 모양의 타원형으로 길이가 2.5~5센티미터이며 기부는 둥글며 세로로 주름이 지고 보통 가장자리가 물결 모양이며 끝이 뾰족하거나 둔하고 뒷면은 자색을 띤다. 포는 광선형으로 길이 1.2~2.5센티미터이며 끝이 뾰족하다. 화경은 곧추서서 높이가 15센티미터에 달하며 기부 가까이에 두세 개의 초 모양으로 된 잎이 있다. 꽃은 6월 중순에서 7월경 줄기 끝에 1개가 담홍색으로 피며 대형이다.

지리적으로 일본, 중국, 몽골, 사할린, 시베리아, 북유럽, 북아메리카(알류샨 열도, 알래스카) 등 북반구의 냉·온대에 분포하는 북방계 식물이다.

종소명 'bulbosa'는 '인경을 가진(bulb)'이란 뜻으로 최초 기재는 린네가 시베리아산 표본을 1753년 시프리페디움 불보숨(*Cypripedium bulbosum*)으로 기재한 후 라이첸바하가 본속으로 분류하였다.

국명은 악편과 화판의 형태가 주머니 모양으로 부푼 것을 풍선에 비유한 데서 연유한다.

비비추난초〔*Tipularia japonica* Matsumura/난초족 비비추난초속〕

제주와 전남, 충남 등지 산의 소나무 숲 그늘에서 소수가 자란다. 외대난초라고도 한다.

구형으로 통통한 위구경에서 1개의 잎과 화경이 나오며 아래에 가는 뿌리가 있다. 잎은 알 모양의 타원형으로 길이는 3.5~7센티미터이며 표면은 짙은 녹색의 윤기가 있으며 중륵(中肋)이 하얗고 뒷면은 자색이며 기부는 염통 비슷한 모양이고 끝이 날카롭다. 잎자루는 길이가 3~7센티미터이며 잎몸은 좁은 난형이다. 포는 극히 작아 미세한 흔적만 있다. 화경은 높이 35센티미터 정도로 가늘게 곧추서며, 아래 부분에 두세 개의 초 모양으로 된 잎이 있다. 꽃은 7개에서 15개가 드문드문 총상 화서로 붙어 5, 6월경에 황록색으로 피며 소형이다.

지리적으로 일본, 중국, 히말라야, 북아메리카(동부)에 국한하여 분포하는 희귀한 남방계 식물이다.

종소명은 타입 표본의 산지인 '일본산'이라는 뜻으로 일본의 마쓰무라(松村任三)가 신종으로 기재하였다.

국명은 최초 이름이 비비추난초로 명명되었으며, 잎의 형태가 비비추를 연상시키는 데서 연유한다.

약난초〔*Cremastra appendiculata* (D. Don) Makino/난초족 약난초속〕

제주, 전남, 전북 등지 호남 내륙, 남해안 및 도서(전남, 경남) 등지의 낙엽수림 밑에서 소수가 자란다. 정화난초라고도 한다.

위구경은 땅속에 얕게 들어가며 옆으로 염주같이 연결된 알 모양의 구형이다. 잎은 위구경에서 나와 다음해 꽃이 피면 마르고, 1(2)개가 장타원형으로 길이 20~40센티미터이며, 3개의 맥이 두드러지고 털이 없으며 기부는 좁아져서 길이 3~10센티미터의 잎자루와 연결되고 양끝이 뾰족하며 백색의 반점이 있는 것도 있다. 포는 선 모양의 피침형으로 길이 0.7~1센티미터로 끝이 뾰족하다. 화경은 위구경에서 나와 곧추서서 높이 50센티미터에 달하고 여러 개의 초 모양으로 된 잎이 있다. 꽃은 5, 6월경에 15개에서 20개가 빽빽하게 다소 한쪽으로 치우친 화서를 만들어 10~20센티미터로 붙으며 담록갈색으로 홍자색을 띠고 밑으로 처지며 화판은 약간 벌어진다. 간혹 녹색의 꽃이 피는 푸른약난초(for. *viridiflora*)도 있다.

지리적으로 일본, 중국, 대만, 사할린 남부, 남쿠릴 열도, 태국, 열대 히말라야 등 비교적 아시아의 여러 지역에서 분포하는 남방계 식물이다.

종소명 'appendiculata'는 라틴어로 '부속물이 있는'의 뜻이며 원초의 근경이 붙어 있는 것을 중시하여 1826년 영국의 돈(D. Don)이 심비디움속으로 최초 기재한 후 1904년 마키노가 본속으로 분류하였다.

국명은 위구경의 점액질에서 약을 추출하여 지혈제로 사용하는 데서 연유한다.

두잎약난초〔*Aplectrum unguiculatum* (Finet) F. Maekawa/난초족 두잎약난초속〕

제주 한라산의 낙엽수림 밑에서 매우 희귀하게 자란다. 종덕이난초라고도 부르며, 제주 고유 분포종이다.

위구경은 알 모양의 원형으로 길이 1~1.5센티미터이며 녹색을 띠며 옆으로 벋어 번식한다. 잎은 길이 10~15센티미터의 장타원형으로 한두 개가 위구경에서 나오며 털이 없고, 기부에 짧은 자루가 있으며 양끝이 뾰족하다. 잎자루는 길이 4~6센티미터로 3개의 맥이 있다. 포는 피침형의 막질로 길이 0.4~0.6센티미터이다. 화경은 가늘게 곧추서서 높이 40센티미터에 달하고 아래에 2개의 초 모양으로 된 잎이 있다. 꽃은 5, 6월경에 황갈색으로 10개 내외가 붙어 비스듬히 올라가며 반쯤 벌어져 피고 생강차의 단 향기가 난다.

지리적으로 분포의 범위가 협소하여 일본에 국한되어 분포하는 남방계 식물이다. 약난초속에 비하여 순판의 윗부분이 직각으로 나온 점, 매년 1개의 위구경이 생기는 점, 지난해의 위구경 사이에 길면서 가는 지하경의 부분이 끼어지는 점, 점착체 형태의 차이 및 지리적 분포를 고려하여 약난초속에서 분속하여 독립시켰다.

종소명 'unguiculatum'은 라틴어의 고양이나 매의 '웅크린 발톱(unguis)'에서 나온 식물의 기재 용어로, 화판이 넓은 부분으로부터 기부로 향하여 급히 좁아지나 약간 긴 부분으로 되어 있는 데서 프랑스의 난초 분류학자 피네(A. Finet)가 명명하였으며 1971년 마에카와가 본속으로 편입하였다.

국명은 약난초와 비슷하지만 보통 잎이 두 개인 데서 연유한다.

감자난초〔*Oreorchis patens* (Lindley) Lindley/난초족 감자난초속〕

제주도를 제외한 전국 각처의 남부, 중부, 북부 지방(함북) 등 낙엽수림 밑에서 광범위하게 분포한다. 태백산맥 일원에는 비교적 다수가 분포한다.

위구경은 알 모양의 구형으로 길이 1.5~2센티미터이고 아래에 다수의 가는 뿌리가 있다. 잎은 피침형에서 좁은 장타원형으로 길이 40센티미터 정도이며 한두 개가 위구경에서 나오고 세로줄이 있으며 양끝은 날카롭다. 포는 막질의 좁은 피침형으로 길이가 0.4~0.6센티미터이며 끝이 날카롭다. 화경은 곧추서서 높이가 50센티미터 정도이고 밑부분에 두세 개의 초 모양으로 된 잎이 있다. 길이 20센티미터 정도의 총상 화서를 만들어 꽃이 5, 6월경에 황갈색으로 핀다.

지리적으로 일본, 중국, 대만, 우수리, 아무르, 사할린, 남쿠릴 열도, 캄차카 반도, 동시베리아 등 동북 아시아에 분포하는 북방계 식물이다.

종소명 'patens'는 순판의 측렬편이 바깥쪽으로 향하여 열려 있는 데서 연유한 라틴어의 '열리다'란 의미이며, 1840년 린들리가 일본산을 코랄로리자속(*Corallorhiza*)으로 기재한 후 1859년 다시 본속으로 분류하였다.

국명은 위구경의 형태를 감자에 비유한 데서 연유한다.

한라감자난초〔*Oreorchis coreana* Finet/난초족 감자난초속〕

제주도의 각처에 비교적 흔히 자생하며 낙엽수림 밑에서 자란다. 한국 특산 식물로 제주 고유 분포종이며 생태적 특성이나 형태적 특징은 더 검토해 볼 만한 가치가 있다.

위구경은 알 모양의 구형으로 밑부분에 여러 개의 가는 뿌리가 있다. 잎은 좁은 장타원형으로 보통 한두 개가 위구경에서 나오며, 길이가 25~50센티미터이고 세로줄이 있으며 양끝이 날카롭다. 포는 막질의 좁은 피침형으로 길이가 0.5~0.8센티미터이며 끝이 날카롭다. 화경은 곧추서서 높이 30~50센티미터에 달하고 밑부분에 두세 개의 초 모양의 잎이 있다. 꽃은 길이 15~30센티미터의 총상 화서를 만들어 6월 중순에서 7월 상순에 진한 황갈색으로 핀다.

감자난초는 측렬편이 피침형인데 반하여 긴 난형으로 끝이 둔하고 순판도 갈라지지 않지만 기부 가까이에서 3개로 갈라지는 점이 다르다.

종소명은 타입 표본의 채집지인 '한국산'이란 뜻으로, 1907년 프랑스의 파우리(U. Faurie) 신부가 한라산 표고 1,000미터 지역에서 채집한 것을 피네가 1908년 신종으로 기재하였다.

국명은 감자난초와 비슷하고 최초 채집지가 한라산인 데서 필자가 명명하였다.

상록성 지생종
(常綠性 地生種)

섬사철란〔*Goodyera maximowicziana* Makino/애기무엽란족 사철란속〕

제주, 남해(전남) 도서, 경북 울릉도 등지 산의 숲 그늘에서 희귀하게 자란다. 산닭의난초라고도 부른다.

뿌리는 끈 모양으로 굵지만 짧다. 줄기는 기부가 지표 가까이 있으며 윗부분은 비스듬히 올라가 높이 10(15)센티미터에 달하고 전체에 털이 없다. 잎은 네다섯 개가 어긋나며 조금 육질이며 무늬가 없고, 타원형에서 알 모양의 타원형으로 길이는 2~4센티미터이며, 끝이 뾰족하고 가장자리가 약간 주름이 지며 보통 약 1센티미터의 잎자루가 있다. 포는 곧추선 편이며 털이 없으며 피침형으로 길이 0.7~1.5센티미터 끝이 날카롭다. 화경은 길이 2~4센티미터의 수상 화서로 곧추서고 털이 있으며 한쪽으로 치우친다. 꽃은 9월 하순에서 10월경에 담홍자색으로 3개에서 7개가 핀다. 때로 백색 꽃이 피는 흰섬사철란(for. *alba*)이 제주도 한라산에 분포한다.

지리적으로 일본, 남쿠릴 열도, 중국, 대만, 미얀마, 히말라야에 분포하는 남방계 식물이다.

종소명 'maximowicziana'는 '막시모비츠의'라는 뜻으로 막시모비츠를 기념하기 위해 1909년 마키노가 명명한 데서 유래한다.

국명은 자생지가 제주도, 울릉도 등의 섬이고 사철란 종류인 데서 연유한다.

애기사철란〔*Goodyera repens* (Linné) R. Brown/애기무엽란족 사철란속〕

제주의 한라산, 전남·경남·강원·평북·함북 등 고산의 침엽수림 밑에서 소수가 자란다. 산알룩난초라고도 부른다.

근경은 짧고 크며 여러 개의 가는 뿌리가 있다. 줄기는 곧추서서 높이 20센티미터에 달하며 기부는 짧게 벋고, 윗부분에서 화경·포·자방 등에 갈색의 꼬부라진 털이 있다. 잎은 여러 개가 줄기의 밑부분에 모여 나며 난형에서 좁은 난형으로 길이는 1~3센티미터이며 끝이 다소 둔하고 길이 1센티미터 내외의 잎자루가 있다. 포는 피침형으로 끝이 날카로우며 자방에 달라붙지만 꽃보다 길다. 꽃은 5개에서 12개가 한쪽으로 치우친 수상 화서로 붙어 7월 중순에서 8월 중순경에 백색 바탕에 갈색으로 핀다.

지리적으로 일본, 중국, 대만, 사할린, 남쿠릴 열도, 시베리아, 히말라야, 코카서스, 중앙 아시아, 유럽, 북아프리카, 북아메리카 등 북반구의 냉·온대에 광범위하게 분포하는 북방계 식물이다.

종소명 'repens'는 '기어가는'이란 의미로 땅속으로 기는 줄기 끝에 화경이 곧추서거나 비스듬히 올라가는 줄기가 벋는 데서 1753년 린네가 사티리움속(*Satyrium*)으로 최초 기재하였으나 1813년 브라운이 본속으로 분류하였다.

국명은 사철란에 비하여 형태가 작은 데서 연유한다.

한국사철란〔*Goodyera koreana* S. Kim/애기무엽란족 사철란속〕

경북, 전북, 충북, 인천, 경기, 서울 등지 낙엽수림 밑의 다소 습한 곳에서 자란다. 소수의 개체들이지만 광범위하게 분포하며 북부 지방에 분포한다는 사철란 중에는 본종이 상당수 있으리라는 추정을 한다.

근경은 없으며 길이 1~2센티미터의 가는 뿌리가 여러 개 있다. 줄기는 화경상으로 곧추서서 높이가 20~40센티미터이다. 잎은 4개에서 8개가 줄기의 하부에 로제트(rosette) 모양으로 모여 나고 난형에서 광타원형으로 길이 3~5센티미터이며 끝이 뾰족하며 담록색으로 된 2차의 엽맥이 뚜렷하다. 꽃은 10개에서 24개가 한쪽으로 치우친 수상 화서를 만들어 7월경 갈색 바탕에 백색을 띠며, 화경, 포, 자방 등에 백색의 털이 있다. 포는 녹색의 피침형으로 끝이 뾰족하며 날카롭고 자방과 길이가 비슷하다.

종소명은 '한국산'이란 의미로 한국의 중남부에 자생하는 한국 특산종인 데서 필자가 신종으로 명명하였다.

국명은 한국에 자생하는 사철란이란 의미에서 한국사철란으로 필자가 명명하였다.

자주사철란〔*Goodyera velutina* Maximowicz/애기무엽란족 사철란속〕

제주, 남해안 도서 등 일부 남부 지역에 국한된 상록수림이나 낙엽수림 밑에서 자란다. 털사철란이라고도 부른다.

줄기는 자갈색으로 높이 20센티미터에 달하고 길게 땅 위를 기며 마디마다 가는 뿌리가 나오고 끝은 실 모양이다. 잎은 네다섯 개가 어긋나고 긴 난형으로 길이 2~4센티미터이며 진한 녹자색으로 우단과 같은 윤기가 나며 가운데에 담홍색이나 백색의 줄이 있고, 끝이 뾰족하다. 포는 선 모양의 피침형으로 길이 0.6~1.2센티미터로 끝이 길고 날카롭다. 화서는 자방과 더불어 백색의 짧은 털이 있으며 한쪽으로 치우친 길이 약 10센티미터의 총상 화서로 달린다. 꽃은 다소 드문드문하게 4개에서 10개가 8월 상순에서 9월 하순에 걸쳐 담갈색으로 핀다. 간혹 화경과 포엽이 녹색이고 담록색의 중륵이 있으며 꽃이 백색으로 피는 흰자주사철란(for. *albiflora*)이 제주 한라산에 분포한다.

지리적으로 일본, 중국, 대만 등에 분포하는 남방계 식물이며 동아시아계 식물이다. 종소명 'velutina'는 '우단 모양의', '융 모양의'라는 뜻으로 잎의 표면이 우단이나 융 같은 데서 1867년 막시모비츠가 일본산을 최초 기재하여 유럽으로 소개한 종이다.

국명은 사철 상록성의 잎이 녹자색과 녹적색이고 꽃의 색도 붉은빛을 띤 담갈색인 데서 연유한다.

줄무늬사철란〔*Goodyera × chejuensis* S. Kim/애기무엽란족 사철란속〕

제주도의 제주시, 서귀포시, 동남 제주 일원의 침엽수림(삼나무)과 낙엽수림이 혼생하는 지역에서 매우 희귀하게 자란다.

뿌리는 끈 모양으로 굵지만 짧다. 줄기는 녹적색이며 기부가 길게 옆으로 벋고 상부는 비스듬히 올라가 높이 20센티미터에 달한다. 잎은 서너 개가 어긋나고 난형에서 타원형으로 길이는 2~4센티미터이며 중륵은 녹황색을 띠며 그물 무늬가 뚜렷하고 6개의 세로로 된 줄이 있으며, 뒷면은 녹자색을 띠고 끝이 뾰족하거나 둔하며, 길이 약 1센티미터의 잎자루가 줄기를 감싼다. 포는 적색으로 4개에서 6개가 곧추서서 자방에 접하며 피침형에서 좁은 피침형으로 길이가 1.1~1.5센티미터로 끝이 뾰족하며 날카롭다. 화경은 적색으로 곧추서고 수상 화서로 붙으며 털이 있다. 꽃은 8월 하순에서 9월 상순에 담홍색으로 화경의 중부 위에 10여 개가 붙고, 길이는 1~1.2센티미터이며 꽃자루〔花柄〕·자방·악편 등에 꼬불꼬불한 털이 있다.

1994년 9월 제주도 한라산에서 자주사철란과 붉은사철란이 혼생한 지역에서 필자가 발견한 자연 교잡종이며 마구 채취하여 멸종될 위기에 있어 보호해야 하는 종이다.

종소명 'chejuensis'는 '제주산'이란 의미로 본종이 제주도에서 최초로 발견되었기에 신교잡종으로 필자가 명명하였는데 일반적으로 '한국산'이란 명칭을 채택하는 것이 바람직하나 그 분포지가 제주도 일부 지역에만 국한하므로 이런 명칭을 사용하였다.

국명은 상록성의 잎과 붉은사철란에 비하여 잎에 가로와 세로로 된 그물 모양의 뚜렷한 줄무늬가 있는 데서 연유한다.

사철란〔*Goodyera schlechtendaliana* Reichenbach fil./애기무엽란족 사철란속〕

제주, 남해안 및 전남 도서와 전북, 경북, 충남 등 다소 건조한 산의 숲 속에서 소수가 자란다. 알록난초라고도 한다.

줄기는 육질이며 옆으로 가늘고 길게 벋으며 녹백색으로 눕고, 끝은 곧추서서 높이가 25센티미터에 달하며 기부 각 마디에서 가는 뿌리가 나온다. 여러 개의 잎이 줄기의 아래로 모여 있는 좁은 난형으로 길이 2~4센티미터이며 다소 두터운 육질이다. 잎의 색은 보통 짙은 녹색으로 백색의 반점이 있고 끝은 뾰족하며 기부에 길이 1~2센티미터의 초 모양으로 된 잎 두세 개가 붙는다. 간혹 잎에 백색의 반점이 없는 청사철란(for. *similis*)이 있다. 포는 피침형으로 곧추서서 자방에 접하고 줄기의 윗부분, 자방과 더불어 털이 있다. 꽃은 8월 중순에서 9월 하순에 한쪽으로 치우친 수상 화서를 만들어 (5)7개에서 12(15)개 달리고 백색 바탕에 홍색을 띤다.

지리적으로 일본, 중국, 대만, 남쿠릴 열도, 인도차이나 반도, 수마트라, 히말라야 등 동아시아에 분포한다.

종소명 'schlechtendaliana'는 '쉴레히텐달의'라는 뜻으로 1849년 일본산을 독일의 라이첸바하가 독일의 식물 분류학자 쉴레히텐달을 기념하기 위하여 헌명한 데서 유래한다.

국명은 사철 아름다운 잎을 유지하고 있는 데서 연유한다.

붉은사철란〔*Goodyera macrantha* Maximowicz/애기무엽란족 사철란속〕

제주, 남해안 도서 등 분포 범위가 협소하며 상록수림 밑에서 희귀하게 자란다.

뿌리는 끈 모양으로 굵고 짧다. 줄기는 기부가 길게 옆으로 벋으며 윗부분이 비스듬히 올라가 높이 10센티미터에 달한다. 잎은 서너 개가 어긋나고 난형 또는 긴 난형으로 길이는 2~4센티미터이며 끝은 둔하거나 뾰족하고 회록색으로 백색 반점이 있다. 포는 좁은 피침형으로 길이 1.5~2센티미터이며 끝은 길고 날카롭다. 꽃은 7월 하순에서 8월 중순에 담홍색의 다소 커다란 꽃이 줄기의 끝에 2(1)개에서 4(6)개 붙으며 통 모양으로 길이는 2.5~3센티미터이다. 화경, 자방, 악편 등에 길고 꼬불꼬불한 털이 있다.

지리적으로 일본, 중국, 대만, 열대 히말라야에 분포하는 남방계 식물이다.

종소명 'macrantha'는 본속 중에서 가장 큰 꽃이 피는 데서 유래한 그리스어로 '큰 꽃의'라는 뜻이며 1867년 막시모비츠가 일본산을 신종 기재한 후 그 해 유럽으로 소개되어 재배되고 있다.

국명은 상록성의 잎과 사철란에 비하여 꽃의 색이 홍색을 띤다는 데서 연유하지만 '큰사철란' 또는 '큰꽃사철란'이란 명칭이 이상적이나 관용화된 것이 아쉽다.

백운란〔*Vexillabium nakaianum* F. Maekawa/애기무엽란족 백운란속〕

제주의 낙엽수림대, 전남, 전북 등 산의 숲 그늘에서 자란다.

근경이 옆으로 벋으며 마디에서 뿌리가 내린다. 줄기는 밑부분이 기거나 그 끝에 서며 높이 10센티미터 내외이다. 아래에 2개에서 6개의 잎이 어긋나며 알 모양의 원형으로 길이 0.3~0.7센티미터로 표면은 짙은 녹색이고 가장자리가 밋밋하며 기부는 둥글고 끝이 뾰족하다. 잎자루는 길이가 0.3~0.6센티미터이며 기부가 원줄기를 감싼다. 포는 피침형으로 길이 0.4~0.5센티미터이며 끝이 길며 날카롭고 뒷면에 잔털이 조금 있다. 화서는 길이 5~12센티미터의 수상 화서로 붙어 7, 8월경에 3개에서 8개가 백색으로 핀다. 간혹 화경과 꽃에 담홍색이 없고 담록색을 띠며 한라산과 경북 울릉도에 분포하는 청백운란(for. *viridis*)이 있다. 1990년 7월 경상북도 울릉도에서 다수가 무리지어 자라고 있는 것을 확인하였다.

지리적으로 분포의 범위가 매우 협소하여 일본에 국한하는 남방계 식물이다.

종소명 'nakaianum'은 '나카이의'라는 의미로 본종을 전남 백운산에서 최초 채집한 것을 일본의 식물학자 나카이를 기념하여 1935년 마에카와가 헌명한 데서 유래한다.

국명은 최초 채집지인 백운산의 지명을 따라 '하쿠운란(Hakuun-ran, 백운란의 일본명)'이라 발표한 것을 인용한 데서 연유한다.

흑난초〔*Liparis nervosa* (Thunberg) Lindley/난초족 옥잠난초속〕

제주의 저지대인 삼나무 숲 속에서 희귀하게 자란다. 제주 고유 분포종이다.

위구경은 진한 녹색으로 육질이며 원기둥 모양으로 곧추서고 마디 사이는 길이가 약 4센티미터이다. 잎은 두세 개가 어긋나고 난형에서 광타원형으로 길이가 5~12센티미터이며 끝이 뾰족하다. 간혹 잎에 흰색의 줄이 있는 흰줄흑난초(for. *albomarginata*)가 있다. 포는 길이 0.1~0.2센티미터로 막질의 삼각형이지만 벌어지고 끝이 뾰족하다. 화경은 높이 20~35센티미터로 곧추서며 꽃은 6월 하순에서 7월 하순에 흑자색으로 5개에서 15개가 드문드문 총상 화서로 붙는다. 간혹 꽃이 담록색으로 피는 녹화흑난초(for. *viridiflora*)가 있다.

지리적으로 일본, 중국, 대만, 동남 아시아, 인도, 네팔, 아프리카, 남아메리카(브라질·베네수엘라) 등 열대 및 아열대에 분포하는 대표적인 남방계 식물이다.

종소명 'nervosa'는 라틴어로 '맥이 있는'이란 의미로 1784년 툰베르히가 일본의 오사카와 도쿄 사이에서 채집하여 오피리스속으로 명명하였는데 잎의 세로줄이 눈에 띄는 데서 연유하고, 1800년 스바르츠가 말락시스속(*Malaxis*)으로 분류한 후 1830년 린들리가 일본산과 중국산을 본속으로 분류하였다.

국명은 꽃의 색이 흑자색으로 피는 데서 기인한다.

여름새우란〔*Calanthe reflexa* Maximowicz/난초족 새우난초속〕

제주, 전남 등 남부 지방의 난대인 다소 습한 낙엽수림과 상록수림 밑에서 소수가 자란다.

근경이 짧고 위구경은 알 모양의 구형으로 두세 개가 연결된다. 잎은 길이 10~30센티미터의 좁은 장타원형으로 3개에서 5개가 어긋나고 뿌리 가까이에서 나와 다음 해 봄에 죽는다. 끝이 날카롭고 털이 없거나 뒷면에 다소 짧은 털이 있으며 표면은 윤기가 없고 백색을 띤 녹색으로 세로줄이 많다. 포는 피침형으로 길이가 1~2센티미터이며 끝이 날카롭다. 화경은 기부의 잎겨드랑이〔葉腋〕에서 나와 높이 40센티미터에 달하고 한두 개의 포엽이 있으며 자방과 함께 미세한 털이 있다. 꽃은 8월에서 9월 상순에 총상 화서로 10개에서 20개가 붙어 담홍자색으로 핀다.

지리적으로 일본, 중국, 대만 등 난대에서 아열대 아시아에 분포한다.

종소명 'reflexa'는 라틴어의 '뒤로 굽어지는'이란 뜻으로 악편의 자세가 꽃이 핀 후 뒤로 젖혀지는 데서 기인하며 19세기 초엽 유럽에 소개되어 막시모비츠가 1873년 일본산을 본속으로 분류하였다.

국명 여름새우란은 위구경의 형태가 새우난초와 비슷하고 꽃 피는 시기가 여름인 데서 연유한다.

새우난초〔*Calanthe discolor* Lindley/난초족 새우난초속〕

제주, 전남, 전북, 경남, 충남 등지의 낙엽수림 밑에서 자란다.

위구경은 염주 모양으로 마디가 많으며 옆으로 벋고 다수의 가는 뿌리가 있다. 잎은 2년생으로 첫해에 두세 개가 뿌리 가까이에서 나와 다음해 옆으로 늘어지며 양 끝이 도피침 모양의 장타원형으로 길이가 15~30센티미터이며, 가장자리에 주름이 지며 털이 없다. 포는 막질의 피침형으로 길이 0.3~0.6(1)센티미터이다. 화경은 높이 50센티미터에 달하여 잎겨드랑이에서 나오고 자방과 함께 짧은 털이 있다. 꽃은 4월 하순에서 5월 하순에 길이 약 15센티미터로 8개에서 18개가 다소 드문드문 붙으며 화피편(花被片)은 벌어지고 보통 자갈색이지만 때로 녹색을 띠기도 한다. 간혹 화피편이 자갈색이고 순판이 홍색인 붉은새우난초(for. *rosea*), 화피편이 황록색이고 순판이 백색인 푸른새우난초(for. *viridi-alba*), 화피편이 붉은빛을 띤 황갈색이고 순판이 백색인 주황새우난초(for. *rufo-aurantiaca*), 화피편이 자갈색이고 순판이 황색인 노란새우난초(for. *luteus*) 등 색의 변이가 다양하다.

지리적으로 일본, 중국 등 난대 아시아에 분포하는 남방계 식물이다.

종소명 'discolor'는 그리스어의 '각각의' 또는 '두 개(dis)'와 라틴어의 '색채(color)'의 합성어로 순판과 다른 화피편의 색이 두 가지 색인 데서 1838년 린들리가 일본산을 신종으로 명명하였다.

국명은 여러 해 지나는 동안 위구경이 길게 옆으로 벋어서 연결된 모습이 마치 새우처럼 생긴 데서 연유한다.

큰새우난초〔*Calanthe × bicolor* Lindley/난초족 새우난초속〕

제주, 전남 도서 등 남부 지방의 낙엽수림 밑에서 매우 희귀하게 자란다. 한라새우란이라고도 부른다.

위구경은 새우난초처럼 옆으로 벋으며 염주 모양이다. 새우난초와 금새우난초가 같이 자라는 곳에서 분포하는 자연 교잡종으로 새우난초에 비해 조금 크다. 잎은 두세 개가 뿌리 가까이에서 나와 다음해 꽃이 필 때 죽고 협타원형에서 장타원형으로 길이는 20~25센티미터이며 털이 없으며 끝이 둥글다. 포는 막질의 피침형으로 길이 약 0.6센티미터이다. 화경은 높이 35~50센티미터로 기부의 잎겨드랑이에서 나오고 포엽이 한두 개 붙는다. 꽃은 4, 5월경에 5개에서 15개가 총상 화서로 붙으며 크기는 금새우난초와 비슷하지만 색의 변이가 매우 다양하여 마구 채취하므로 멸종위기에 있다.

지리적으로 일본에 국한하는 남방계 식물이다.

종소명 'bicolor'는 그리스어의 '2' 또는 '두 개(bi)'와 라틴어의 '색채'의 합성어로 새우난초와 금새우난초가 섞인 지역에 분포하는 데서 1838년 린들리가 두 종의 자연 교잡종으로 기재하였다.

국명은 새우난초의 유형과 비슷하며 새우난초보다 체형이나 꽃이 큰 데서 기인한다.

금새우난초〔*Calanthe sieboldi* Decaisne et Regel/난초족 새우난초속〕

제주, 전남의 서남 해안 및 도서 지방, 경북 울릉도와 남부 지방의 낙엽수림 밑에서 자란다. 노랑새우난초라고도 한다.

위구경은 구형으로 마디가 많으며 옆으로 벋고 다수의 가는 뿌리가 있다. 잎은 잎자루가 길며 기부에서 두세 개 나와 초 모양의 잎으로 싸인 후 점점 떨어져 주름이 많고 광타원형으로 길이는 20~30센티미터이며 다음해 봄에 죽는다. 포는 마른 막질의 피침형으로 길이 0.5~1센티미터이며 끝이 뾰족하다. 화경은 잎이 다 자라기 전에 높이 40센티미터 내외로 되며 한두 개의 포엽이 있다. 꽃은 5월 상순에서 6월 상순에 황색의 총상 화서로 피고 다소 향기가 있다.

지리적으로 일본, 대만에 분포하는 남방계 식물이다.

종소명 'sieboldi'는 '시볼트의'라는 뜻으로 1868년 프랑스의 식물학자 드케느(J. Decaisne)와 독일의 레겔이 네덜란드의 식물학자로 일본 식물을 연구한 시볼트(P. Siebold)에 대한 헌명으로 일본산을 기재하였다.

국명은 위구경의 형태가 새우난초와 비슷하며 꽃이 노랗게 황색으로 피는 데서 연유한다.

죽백란〔*Cymbidium lancifolium* Hooker fil./난초족 보춘화속〕

제주 한라산 남쪽의 상록수림 밑에서 극히 희귀하게 자란다. 돈란이라고도 한다. 한란 자생지에서 자생하는 제주 고유 분포종이다.

지하경은 가축하여 갈라지고 비늘잎으로 싸여진 소형의 위구경은 구슬 모양으로 늘어선다. 잎은 1개에서 3개가 좁은 장타원형의 혁질(革質)로 윤기가 있으며 잎자루와 함께 길이가 6~25센티미터이며 끝이 뾰족하고 기부는 가는 잎자루로 되며 윗부분의 가장자리에 미세한 톱니가 있다. 포는 막질의 피침형으로 끝이 날카롭다. 꽃은 6, 7월경에 곧추서서 높이가 20센티미터에 달하며 화경 끝에 서너 개가 붙고 황백색을 띤 희미한 담자색으로 핀다. 간혹 순판에 반점이 없고 꽃 전체가 백색인 소심죽백란(for. *sosim*)도 있다.

지리적으로 일본, 중국, 대만, 동남 아시아, 히말라야 등 아열대 및 난대 아시아에 분포하는 남방계 식물이다.

종소명 'lancifolium'은 라틴어의 '피침형(lanceus)'과 '잎(folios)'의 합성어로 잎의 형태가 피침형인 데서 유래했으며 1823년 영국의 후커(J. Hooker)가 아시아산을 신종으로 기재하였다.

국명은 잎 모양이 대나무 잎과 비슷한 데서 연유한다.

녹화죽백란〔*Cymbidium javanicum* Blume var. *aspidistrifolium* (Fukuyama) F. Maekawa/난초족 보춘화속〕

제주도 한라산 남쪽의 상록수림 밑에서 극히 희귀하게 자란다. 한란 자생지에 자생하는 제주 고유 분포종이다.

외형상 죽백란과 비슷하지만 잎의 가장자리에 톱니가 없으며 꽃의 색과 피는 시기에서 차이가 있다. 지하경은 가축하여 분지하고 비늘잎으로 둘러싸인 소형의 위구경은 구슬 모양으로 붙는다. 잎은 1개에서 3개가 혁질로 윤기가 있으며 타원형에서 좁은 장타원형의 형태이며 길이가 20~30센티미터로 끝은 급히 뾰족하게 된다. 기부는 가는 잎자루로 되는데 길이는 짧은 편이며 잎몸이 죽백란보다 타원형이고 가장자리에 톱니가 없고 매끄럽다. 포는 막질이며 선 모양의 피침형으로 길이가 2~2.3센티미터이며 끝이 날카롭다. 꽃은 10, 11월경에 높이 10~20센티미터로 곧추서서 화경 끝에 서너 개가 붙어 담록색으로 핀다.

지리적으로 일본, 중국, 대만, 동남 아시아, 히말라야 등 아열대 및 난대 아시아에 분포하는 대표적인 남방계 식물이다.

종소명 'javanicum'은 타입 표본의 산지인 '자바산'이란 의미이고, 변종소명 'aspidistrifolium'은 백합과의 '아스피디스트라속(*Aspidistra*)'과 '잎(folios)'의 합성어로 잎 모양이 엽란(백합과의 다년초)과 비슷한 데서 유래하였다. 1825년 블룸이 심비디움 자바니쿰(*Cymbidium javanicum*)으로 기재한 후 1934년 일본의 후쿠야마(福山伯明)가 대만에서 채집하여 심비디움 아스피디스트리폴리움(*Cymbidium aspidistrifolium*)이라 명명한 것을 마에카와가 1958년 변종으로 처리하였다.

국명은 죽백란과 형태가 비슷하지만 꽃의 색이 녹색인 데서 연유한다.

보춘화〔*Cymbidium goeringii* (Reichenbach fil.) Reichenbach fil./난초족 보춘화속〕

서북 도서(인천 · 충남), 경기 남부, 충남 북부, 충북, 강원, 경북, 울릉도를 연결하는 이남의 다소 건조한 숲 밑에서 자란다. 춘란이라고도 한다.

뿌리는 굵고 다수가 사방으로 길게 벋으며 백색이다. 근경은 마디 사이가 짧아지며 잎이 모여서 나온다. 잎은 선형으로 길이 20~50센티미터로 가장자리에 미세한 톱니가 있고 기부는 초로 되며 끝이 날카롭다. 간혹 잎이 너비 0.2~0.3센티미터로 좁은 것을 세엽보춘화(var. *angustatum*)라 한다. 포는 초 모양과 비슷하고 피침형으로 길이가 3~4센티미터이며 끝이 뾰족하다. 화경은 다소 육질로 곧추서서 높이 25센티미터에 달하고 여러 개가 막질의 초 모양으로 된 잎에 싸인다. 꽃은 3, 4월경 화경 끝에 1개(간혹 2개)가 담황록색으로 피며 향기가 있는 것도 있다. 간혹 홍색의 꽃이 피는 적화보춘화(for. *aurantioruber*)와 순판에 반점이 없고 백색인 소심보춘화(for. *soshin*)가 있다.

지리적으로 일본, 중국, 대만 등 동아시아에 분포하는 남방계 식물이다.

종소명 'goeringii'은 '괴링의'라는 말로, 일본의 나가사키에서 식물을 채집한 네덜란드의 괴링(P. Goering)을 기념해 1838년 라이첸바하가 막실라리아속(*Maxillaria*)으로 발표한 후 1852년 본속으로 분류하였다.

국명은 꽃 피는 시기가 이른봄이므로 예로부터 봄을 알리는 꽃이라는 데서 연유하고, 비슷한 의미로 일본과 중국에서도 춘란이라 부른다.

한란〔*Cymbidium kanran* Makino/난초족 보춘화속〕

제주 한라산의 상록수림 밑에서 희귀하게 자라며 최근 전남에서도 발견되었다. 무분별한 채취로 멸종 위기에 있으며 천연 기념물 제191호로 지정하여 보호하고 있다.

뿌리는 굵고 다수가 사방으로 길게 벋으며 3개에서 4(8)개의 잎이 모여서 난다. 잎은 광선형의 혁질로 약간 굽어지고 길이는 20~50센티미터로 끝이 날카로우며 가장자리는 약간 밋밋하다. 간혹 잎의 길이가 60센티미터 이상인 대엽한란(var. *latifolium*)이 있다. 포는 선형의 혁질로 길이가 0.8~3센티미터이며 끝이 날카롭다. 화경은 곧추서서 높이가 60센티미터에 달하고 끝이 날카로우며 기부의 초모양으로 된 잎은 길이가 3~6센티미터로 6개에서 9개이다. 꽃은 5개에서 13개(때로 18개)가 총상 화서로 붙어 10월 중순에서 11월 중순에 피며 담록색인 청한란(for. *viridescens*), 담홍색인 홍한란(for. *rubescens*), 담자색인 자한란(for. *purpurascens*)과 줄무늬가 들어간 경사한란(for. *purpureo-viridescens*) 등 꽃 색의 변이가 다양하고 향기가 있다.

지리적으로 일본, 중국, 대만 등 난대 아시아에 분포하는 대표적인 남방계 난초이다.

종소명 'kanran'은 일본어의 '한란(寒蘭)'이란 의미로 꽃 피는 시기가 일본에서는 11, 12월인 초겨울에 피는 데서 유래하였으며 1902년 일본의 마키노가 신종으로 명명하였다.

국명은 '한란'의 일본음을 인용하였는데 일본에서는 초겨울에 개화하지만 제주산은 10, 11월경 개화되므로 오히려 '추란(秋蘭)'이라고 이름하는 것이 정확한 표현이라고 생각되지만 이미 우리나라에서도 한란이라고 부르는 것이 굳어진 상태이다.

구화란〔*Cymbidium faberi* Rolfe/난초족 보춘화속〕

최근 전남에서 소수가 발견된 극히 희귀한 종으로 소나무와 억새가 섞인 다소 양지 바른 숲 속에서 자란다.

뿌리는 약간 백색이며 지름이 (0.5)0.7~1센티미터로 굵고 여러 개가 사방으로 길게 뻗으며 위구경은 뚜렷하지 않고 비늘잎으로 싸여 있다. 잎은 6개에서 10개가 선형으로 길이 60~100센티미터이며 혁질로 조금 단단하고 끝이 날카로우며 기부에 작은 홈이 있다. 가장자리는 뚜렷한 톱니가 있으며 가운데와 옆의 맥이 아래로 올라간다. 포는 혁질의 피침형으로 길이가 약 3센티미터이며 끝이 날카롭다. 화경은 높이 45~60센티미터로 곧추서고 12개에서 18개가 총상 화서로 붙고 적색과 녹색이 있다. 꽃은 담록색이거나 담자색을 띠고 지름이 5~7센티미터로 4월 상순에서 5월 상순에 피며 향기가 있다. 적경구화란(for. *ruburum*)은 화경이 적색이며 꽃도 담자색으로 피며 녹경구화란(for. *viridis*)은 화경이 녹색이며 꽃도 담록색으로 핀다. 전남 해남에서는 적경구화란과 녹경구화란이 자생하고 진도에서는 적경구화란만 자생하지만 꽃의 색깔이 다양하다.

지리적으로 중국, 대만 등 난대 아시아에 분포하는 대표적인 남방계 식물이다.

종소명 'faberi'는 라틴어의 '파베르의'라는 뜻으로 중국에서 식물을 채집한 독일의 식물학자 파베르(Faber)를 기념하기 위한 헌명으로 1896년 영국의 난초 분류학자 롤프(R. Rolfe)가 기재하였다.

국명은 '일경구화(一莖九華)'에서 연유했는데 보통 꽃의 수가 아홉 개보다 많은 십여 개이지만 관용화된 일경구화에서 '구화'를 따서 필자가 명명하였다.

무엽성 부생종

(無葉性 腐生種)

으름난초〔*Galeola septentrionalis* Reichenbach fil./애기무엽란족 으름난초속〕

제주 한라산 낙엽수림대의 썩은 식물체에 기생하여 극히 희귀하게 자란다. 개천마라고도 한다. 제주 고유 분포종이다.

지하경은 비늘잎이 있으며 굵고 길게 옆으로 벋고 뿌리 속에 균사가 들어 있다. 줄기는 곧추서서 높이가 90센티미터에 달하고 육질로 단단하여 갈색의 짧은 털이 있으며 한국산으로는 드물게 분지(分枝)한다. 잎은 비늘잎 모양의 삼각형으로 뒷면이 부풀고 마르면 혁질처럼 된다. 꽃은 6월 중순에서 7월경에 복총상 화서(複總狀花序)를 이루어 원추상의 황갈색으로 반쯤 벌어지며 자방과 악편 뒷면에 갈색의 짧은 털이 있다.

지리적으로 일본에 국한하여 희귀하게 분포하는 대표적인 남방계 식물이다.

종소명 'septentrionalis'는 라틴어의 '북방의'라는 말이며 본속 가운데 가장 북쪽 지방에 자생하는 데서 독일의 라이첸바하가 일본에서 채집한 표본을 신종으로 기재하였다.

국명은 성숙한 열매의 형상이 으름 열매와 비슷한 데서 붙여진 이름이나 붉은색으로 인하여 으름보다는 고추에 더 가깝다.

천마〔*Gastrodia elata* Blume/애기무엽란족 천마속〕

제주를 비롯한 전국에 분포하며 남부, 중부, 북부 지방(평북, 함남, 함북) 등 참나무나 밤나무의 부식질이 많은 숲 속에서 썩은 식물체에 기생하여 자란다.

땅속에 타원형의 감자 같은 괴경 속에 균사가 들어 있는데 괴경은 길이 7~15센티미터로 매년 바뀐다. 줄기는 원기둥 모양으로 곧추서서 높이가 100센티미터에 달하며 적갈색을 띤 황색이다. 비늘잎은 막질로 여러 개 있고 밑부분의 것은 짧은 초 모양이다. 포는 피침형의 막질로 길이 0.7~1.2센티미터이며 담갈색이다. 꽃은 길이 10~30센티미터의 총상 화서로 붙어 6월 하순에서 8월경에 길이 0.8센티미터 정도의 황갈색으로 피며 항아리 모양이다. 줄기는 녹회색이며 길이가 짧고 가늘며 높이 50센티미터 정도로 꽃이 적고 백색인 작은천마(for. *pallens*)와 화피편의 끝과 자방 일부에 청록색을 띠는 청천마(for. *viridis*)가 있다. 매우 광범위하고 흔하게 자생하였으나 약재로 쓰이기 때문에 개체수가 현격히 감소하고 있다.

지리적으로 일본, 중국, 대만, 동시베리아, 히말라야에 분포하는 일종의 북방계 식물이다.

종소명 'elata'는 '장대의 높이'라는 의미인데 이례적으로 높은 화서에서 기인하며 1856년 네덜란드의 블룸이 히말라야에서 채집한 것을 신종으로 기재하였다.

국명은 한자어에서 유래된 명칭이다.

한라천마〔*Gastrodia verrucosa* Blume/애기무엽란족 천마속〕

제주도 한라산의 낙엽수림 밑의 썩은 식물체에 기생하여 희귀하게 자란다. 1993년 10월 한라산 남쪽에서 필자가 발견한 미기록종으로 개체수는 비교적 많이 자생하나 분포 범위가 매우 협소하여 보호가 요청되는 종으로 제주 고유 분포종이다.

지하경은 다소 굵고 짧으며 방추상으로 통통한 서양배 모양으로 길이가 2~3.5센티미터이며 실 모양의 긴 뿌리 가운데 균사가 들어 있고 짧은 세포의 털이 빽빽하게 있다. 줄기는 높이 10센티미터 정도로 비늘잎은 여러 개 있으며 밑부분의 것은 초 모양이다. 포는 넓은 난형으로 길이가 약 0.4센티미터이다. 화경에 2개에서 5개가 다소 밑으로 붙어 9월 하순에서 10월 상순에 갈색으로 핀다. 꽃자루는 꽃이 핀 후 현저하게 자라 길이가 약 50센티미터에 달한다.

지리적으로 일본, 말레이시아에 국한하는 남방계 식물이다.

종소명 'verrucosa'는 화피편의 표면에 튀어나온 울퉁불퉁한 사마귀 같은 돌기에서 유래되었다. 1856년 수마트라산을 블룸이 최초로 발표한 후 1903년 일본에서 채취되어 1940년 일본의 투야마(津山 尙)와 혼다(本田正次)가 5월경에 꽃이 피는 '가스트로디아 니포니카(*Gastrodia nipponica*)와 혼동된다'는 뜻에서 가스트로디아 콘푸사(*Gastrodia confusa*)로 공동 발표한 동일종이다.

국명은 채집지인 한라산의 지명과 같은 속인 천마의 이름을 합성시켜 필자가 명명하였다.

무엽란〔*Lecanorchis japonica* Blume/애기무엽란족 무엽란속〕

제주, 전남 도서 등지 상록수림(주로 동백나무) 밑의 썩은 식물체에 기생하여 매우 희귀하게 자란다. 한국산 난초 가운데 제주무엽란과 함께 가장 음지에서 자란다.

지하경은 단단하며 옆으로 벋고 약간 빽빽하게 비늘잎이 있다. 줄기는 곧추서서 높이 40센티미터 정도이며 여러 개의 초 모양의 잎이 있고 약간 막질이며 길이가 0.5~0.8센티미터이다. 끝은 비스듬히 둔하거나 다소 뾰족하고 윗부분의 것은 초가 없는 것도 있으며 마르면 흑색으로 된다. 포는 삼각상의 난형으로 길이는 0.2~0.4센티미터이며 끝이 뾰족하다. 꽃은 6월 상순에서 7월 상순에 여러 개가 총상 화서로 드문드문 붙어 담황갈색으로 벌어진다.

지리적으로 일본에 국한되어 분포하는 남방계 식물이다.

종소명은 타입 표본의 산지인 '일본산'이라는 뜻으로 블룸이 1856년 일본산 표본을 신종으로 기재하였다.

국명은 녹색의 잎이 없는 데서 연유한다.

제주무엽란〔*Lecanorchis kiusiana* Tuyama/애기무엽란족 무엽란속〕

제주의 일부 지역에 국한하여 무엽란과 같이 상록수림의 음지에서 썩은 식물체에 기생하여 매우 희귀하게 자란다. 1993년 6월에 제주에서 필자가 발견한 제주 고유 분포종이다.

지하경은 무엽란보다 굵고 옆으로 벋으며 비늘잎이 있다. 줄기는 가늘게 곧추서서 높이 20센티미터에 달하며 여러 개의 초 모양으로 된 잎이 있고 약간 막질이며 길이가 0.2~0.5센티미터이고 끝은 비스듬히 둔하거나 좀 뾰족하다. 포는 삼각상의 난형으로 길이 0.1~0.2센티미터에 끝이 뾰족하다. 꽃은 6, 7월경에 3개에서 7개가 드문드문 총상 화서로 피고 백색 바탕에 자색으로 반쯤 벌어진다.

무엽란과의 다른 점은 전체적으로 소형이고 순판 중앙에 황색의 털이 돌출하는 데 반해 자색의 털이 돌출하고 자방도 녹황색으로 비스듬히 올라가지만 자갈색으로 곧추서는 것이 다르다. 지리적으로 일본에 국한되어 희귀하게 분포하는 남방계 식물이다.

종소명 'kiusiana'는 타입 표본의 산지인 '규슈산'이라는 뜻으로 투야마가 일본의 규슈에서 채집한 표본을 신종으로 기재하였다.

국명은 녹색의 잎이 없는 무엽란과 비슷하며 최초 발견지가 제주도인 데서 필자가 명명하였다.

애기무엽란〔*Neottia asiatica* Ohwi/애기무엽란족 애기무엽란속〕

북부 냉대의 함남, 함북 등 아고산의 침엽수림 밑에서 썩은 식물체에 기생하여 희귀하게 자란다.

근경이 짧고 다수가 뭉쳐 나온다. 줄기는 털이 없으며 곧추서서 높이가 20센티미터에 달하며 길이 2~3센티미터의 막질의 초 모양으로 된 잎이 서너 개 있으며 맥이 약간 있다. 포는 막질로 난형이며 끝이 뾰족하다. 꽃은 길이 5~10센티미터의 총상화서로 붙어 6, 7월경에 다소 드문드문 달리고 담갈색으로 핀다.

지리적으로 일본, 중국, 우수리, 사할린, 캄차카 반도, 동시베리아 등 냉대의 동북 아시아에 분포하는 북방계 식물이다.

종소명 'asiatica'는 '아시아산'이라는 뜻으로 한국을 비롯한 일본과 중국 등 분포지가 아시아인 데서 1931년 오위가 명명하였다.

국명은 무엽란이나 홍산무엽란에 비하여 전체적으로 크기와 화서와 꽃이 작은 데서 연유한다.

애기천마〔*Chamaegastrodia sikokiana* (Makino) Makino et F. Maekawa/애기무엽란족 애기천마속〕

제주의 낙엽수림대, 전남, 전북 등 산의 숲 그늘에서 썩은 식물체에 기생하여 매우 희귀하게 자란다.

지하경은 굵고 옆으로 벋어 직각으로 갈라지고, 마디에 작은 비늘잎이 있다. 화경은 곧추서서 높이 15센티미터에 달하며 맥은 있지만 털은 없고 마디에 얇은 막질의 초 모양으로 된 잎은 길이가 0.4~1센티미터이다. 포는 막질의 난형에 가까운 장타원형으로 길이가 0.5~0.8센티미터이다. 화서는 길이 5~10센티미터의 총상으로 붙어 7, 8월경에 10개에서 20개가 담홍색을 띤 황색으로 핀다.

지리적으로 일본에 국한하여 분포하는 남방계 식물이다. 제주산은 일본산에 비하여 약간 큰 편이고 꽃의 수가 많은 편이다.

종소명 'sikokiana'는 타입 표본의 채집지인 '시코쿠산'을 의미하는데 1892년 마키노가 일본의 시코쿠에서 채집하여 신종으로 기재한 후에 투야마가 헤타에리아속(*Hetaeria*)으로 분류한 것을 1935년에 마키노와 마에카와가 차마에가스트로디아속(*Chamaegastrodia*)을 신설하면서 본속으로 분류하였다.

국명은 일본명을 인용하여 겉모양이 천마와 비슷하고 전체적으로 소형인 데서 연유한다.

산호란〔*Corallorhiza trifida* Chatelain/난초족 산호란속〕

북부 지방(백두산) 등지 고산의 침엽수림 밑(유럽에서는 습기가 많은 늪지의 숲 속)에서 매우 희귀하게 자란다.

뿌리는 육질이며 산호 모양으로 분지하지만 가는 뿌리는 없다. 줄기는 원주형으로 곧추서서 높이가 20센티미터에 달하고 홍갈색이다. 초는 서너 개가 홍갈색이고 입구는 비스듬히 벌어지며 하부의 것은 길이 약 1센티미터이고 상부의 것은 길이가 약 6센티미터이다. 포는 소형이다. 꽃은 6, 7월경에 총상화서로 길이가 1.5~3.5센티미터로 3개에서 9개가 붙어 정생하고 담록황색으로 핀다.

지리적으로 중국, 몽골, 쿠릴 열도, 캄차카 반도, 시베리아, 중앙 아시아, 코카서스, 유럽, 북아메리카 등 북반구의 한랭지에 광범위하게 분포하는 북방계 식물이다.

종소명 'trifida'는 '3개로 중렬된'이라는 뜻으로 1760년 차텔레인(Chatelain)이 순판이 세 개로 갈라지는 데서 신종으로 기재하였다. 국명은 뿌리의 형태가 산호 모양으로 분지하는 데서 연유한다. 한국산의 본종을 최초로 보고한 것은 나카이이지만 기재 사항은 나타나 있지 않다.

대흥란〔*Cymbidium nipponicum* (Franchet et Savatier) Makino/난초족 보춘화속〕

제주, 남해안 도서(전남, 경남) 및 남부 지방(전남, 전북, 경남, 경북) 등지 산림의 썩은 식물체에 기생하여 소수가 자란다.

지하경은 길이 15센티미터 정도로 길며 드문드문 분지하고 백색의 육질로 가는 털과 삼각형 모양의 비늘잎이 있다. 줄기는 그 끝에서 나오며 곧추서서 높이가 30센티미터에 달하고 약간 작은 털이 있으며 아래의 기부가 짧은 초로 된다. 막질의 비늘잎이 드문드문 여러 개 있지만 녹색의 잎은 없다. 포는 막질의 넓은 피침형으로 길이가 0.5~1센티미터이며 끝이 날카롭다. 꽃은 7, 8월경 줄기 끝에서 2(1)개에서 6개가 백색으로 약간 가운데에 홍자색을 띠고 총상 화서로 드문드문 붙는다. 간혹 꽃의 색이 모두 백색인 소심대흥란(for. *sagamiense*)이 있다.

지리적으로 일본, 인도차이나 반도, 인도, 뉴기니의 난대에서 열대까지 광범위하게 분포하는 남방계 식물이다.

종소명 'nipponicum'은 타입 표본의 채집지인 '일본산'이라는 뜻으로 사바티에가 일본의 이즈 반도에서 입수한 표본을 프란체에게 보내어 1879년 공동으로 블레티아속(*Bletia*)으로 신종 기재한 후 마키노가 본속으로 편입하였다.

국명은 최초로 채집한 전남 해남군 대흥사(대둔사)의 지명에서 연유한다.

상록성 착생종

(常綠性 着生種)

차걸이란〔*Oberonia japonica* (Maximowicz) Makino/난초족 차걸이란속〕

제주의 난대 지역의 나무(비자나무와 단풍나무)나 바위 위에 붙어 극히 희귀하게 자란다. 이삭난초라고도 부르며 제주 고유 분포종이다.

가는 기근은 실 모양의 녹백색으로 물체에 붙으며 줄기는 길이 1~4센티미터로 크고 작은 여러 개체가 다수 뭉쳐서 밑을 향한다. 잎은 길이 1~3센티미터의 다소 육질이며 4개에서 10개가 좌우로 편평하게 어긋나고 끝은 급히 뾰족하며 기부가 줄기를 감싼다. 포는 화경에서 삼각형의 막질로 길이가 0.1센티미터 내외이고 끝이 뾰족하며 벌어진다. 화경은 길이 2~8센티미터로 가늘고 긴 화서를 이루어 밑으로 처진다. 꽃은 4월에서 6월경 줄기 끝에 다수의 작은 담황갈색의 꽃을 피우며 길이 1~2센티미터의 꽃자루가 있다.

지리적으로 일본, 대만에 분포하는 대표적인 남방계 식물이다.

종소명은 타입 표본의 산지인 '일본산'이라는 뜻으로 1877년 막시모비츠가 말락시스속으로 최초 기재한 후 1891년 마키노가 본속으로 분류하였다.

국명은 잎의 형태가 자동차의 장식용으로 쓰는 것 같은 데서 연유한 듯하며, 일본에서는 잎이 불교의 장식 용품인 영락과 비슷하므로 '영락란'으로 부른다.

콩짜개란〔*Bulbophyllum drymoglossum* Maximowicz/난초족 혹난초속〕

제주의 저지대, 전남 남해안 및 도서 지방 등지의 나무(비자나무)나 바위에 붙어 극히 희귀하게 자란다. 덩굴난초라고도 한다.

기근은 가는 실 모양으로 물체에 붙으며 줄기도 가늘고 길며 두세 마디에서 1개의 잎이 달린다. 잎은 도란상의 원형으로 작고 두터운 혁질로 길이가 0.6~1.3센티미터이고 어긋나 있다. 맥은 뚜렷하지 않고 끝이 둥글며 기부가 좁아지고 잎자루가 없다. 포는 난형의 막질로 길이가 약 0.15센티미터이며 끝이 둔하다. 화경은 줄기의 기부에서 가늘게 나오며 길이 0.7~1센티미터의 가는 꽃자루 끝에 1개씩 붙어 5, 6월경에 담황색으로 피며 지름 약 1센티미터 정도로 소형이다.

지리적으로 일본, 중국 등 난대 아시아에 분포하는 대표적인 남방계 식물이다.

종소명 'drymoglossum'은 '숲의 혀'라는 의미로´잎이 작은 혀 같은 데서 기인하며, 기준 표본은 일본산으로 당시의 동경제국대학 조교수인 오쿠보(大久保三郞)가 채집한 것을 막시모비츠에게 검정을 의뢰하여 1887년 신종으로 기재하였다.

국명은 혁질의 잎을 반쪽 콩에 비유한 데서 연유한다.

혹난초〔*Bulbophyllum inconspicuum* Maximowicz/난초족 혹난초속〕

제주, 전남 남해안 및 도서 지방 등지 상록수림의 나무나 바위에 붙어 희귀하게 무리지어 자란다. 보리난초라고도 부른다.

근경은 실 모양이며 가로로 벋고 가는 기근이 있다. 줄기는 가늘고 길게 옆으로 벋으며 난형으로 된 길이 0.6~0.8센티미터의 위구경이 달려 있다. 잎은 장타원형의 두터운 육질로 길이 1~3.5센티미터로 중륵이 뚜렷하고 7맥에서 9맥이 있으며 끝은 둥글거나 약간 들어간다. 포는 얇은 막질의 장타원형으로 길이 약 0.2센티미터이다. 꽃은 6, 7월경에 위구경에서 나와 약 0.6센티미터 정도의 화경 끝에 1개에서 3개가 붙어 황백색으로 핀다.

지리적으로 분포의 범위가 협소하여 일본에 국한되어 분포하는 대표적인 남방계 식물이다.

종소명 'inconspicuum'은 라틴어의 '뚜렷하지 않다'라는 의미로 혹난초속 중에는 꽃이 눈에 띄는 것이 많은데 본종은 잎의 밑부분에 감추어져 특히 눈에 띄지 않는 데서 막시모비츠가 신종으로 명명하였다.

국명은 난형의 위구경을 혹에 비유한 데서 연유한다.

석곡〔*Dendrobium moniliforme* (Linné) Swartz/난초족 석곡속〕

제주, 전남, 광주, 전북, 경남, 강원 남부 등의 나무나 바위 위에 붙어 자란다. 석란이라고도 부른다.

줄기에서 다소 굵은 기근이 나오며, 높이가 5~25센티미터로 곧추서는 원기둥 모양의 녹갈색이다. 마디 사이는 1.5~3센티미터이며 오래된 줄기에는 잎이 없고 마디만 있다. 잎은 피침형의 혁질로 길이 3~7센티미터이며 2, 3년생으로 여러 개가 어긋나고 짙은 녹색으로 윤기가 있으며 끝이 다소 둔하다. 꽃은 5, 6월경에 오래된 줄기의 상부 마디에서 한두 개가 붙어 백색으로 피며 향기가 있다. 간혹 담홍색의 꽃이 피는 것을 분홍석곡(for. *subrufescens*)이라 한다. 과거에는 흔하게 자생하였으나 약용 및 관상용 등 마구 채취하여 멸종 위기에 있는 종이다.

지리적으로 일본, 중국, 대만 등 난대 아시아에 분포하는 남방계 식물이다.

종소명 'moniliforme'는 줄기가 말라 마디 사이보다 마디가 가늘어져서 쭈그러진 모양에서 유래한 라틴어의 '목의 장식(monil)'과 '모양(forme)'이라는 형용사의 합성어이다. 1753년 린네가 에피덴드룸속(*Epidendrum*)으로 최초 기재 후 1799년 스바르츠가 일본산을 본속으로 분류하였다.

국명은 한자어에서 유래된 명칭이다.

풍란〔*Neofinetia falcata* (Thunberg) Hu/지네발란족 풍란속〕

제주의 저지대, 남해 도서, 남해안, 서남 해안 등 상록수림의 나무나 바위 위에 붙어 극히 희귀하게 자란다. 꼬리난초라고도 한다.

끈 모양으로 된 기근은 유백색으로 물체에 붙어 길게 사방으로 벋는다. 줄기는 다소 속생(束生)하고 짧으며 혁질의 엽초에서 빽빽하게 싸인다. 잎은 육질의 광선형으로 단단하고 길이 5~10센티미터로 굽어져 벌어지고 단면에 V자형으로 뒷면에 날카로운 모서리가 있고 끝은 둔하며 기부에 관절(關節)이 있다. 포는 선 모양의 피침형으로 길이가 0.4~0.7센티미터이다. 화경은 길이가 3~10센티미터이며 꽃자루 끝에 총상 화서로 붙는다. 꽃은 6, 7월경에 아래의 잎겨드랑이에서 나오며 백색으로 2개에서 5개가 피며 향기가 좋다. 관상용으로 마구 채취하여 멸종 위기에 처해 있다. 지리적으로 일본, 중국, 대만 등 동아시아의 난대 지역에 분포하는 대표적인 남방계 식물이다.

종소명 'falcata'는 라틴어의 '낫 모양'이란 뜻으로 꽃의 형태에서 유래하였으며 1784년 툰베르히가 일본의 나가사키에서 입수한 본종을 오르키스속으로 기재한 후, 중국의 식물학자 후(胡先驌)가 1925년 본속으로 편입하였다.

국명은 뿌리의 생태가 공기를 좋아하는 호기성 즉 바람과 관계 깊은 데서 연유하고, 나도풍란(대엽풍란)에 비하여 잎이 보다 소형인 데서 소엽풍란이라 부른다.

지네발란〔*Sarcanthus scolopendrifolius* Makino/지네발란족 지네발란속〕

제주의 저지대, 전남 등지의 양지바른 암벽이나 나무에 붙어 희귀하게 자란다. 지네란이라고도 한다.

줄기는 단단하고 가늘며 길게 기어서 드문드문 갈라지고 곳곳에서 굵은 기근이 나온다. 잎은 좌우 2줄로 어긋나며 잎몸은 두터운 혁질이고 칼 모양의 피침형으로 길이 0.6~1센티미터로 표면에 홈이 있으며 끝이 둔하다. 포는 한두 개가 삼각형으로 붙으며 소형이다. 꽃은 7, 8월경에 화경의 옆에서 나오며 길이 0.2~0.3센티미터의 담홍색으로 줄기를 감싸서 엽초를 뚫고 짧은 꽃자루 모양으로 1개씩 달린다.

지리적으로 일본, 중국 등 동아시아에 매우 희귀하게 분포하는 남방계 식물이다.

종소명 'scolopendrifolius'는 그리스어의 '지네(scolopendra)'와 '잎(folios)'의 합성어로 전체의 모습이 지네와 같은 형태에서 유래하였으며 마키노가 신종으로 명명하였다.

국명은 줄기가 길게 기어 잎과 뿌리가 붙은 모양이 지네의 발을 연상시키는 데서 연유한다.

금산자주난초〔*Gastrochilus matsuran* (Makino) Schlechter/지네발란족 금산자주난초속〕

제주, 전남, 경남 등지 상록수림의 나무에 착생하여 극히 희귀하게 자란다. 금자란이라 줄여서 부르기도 한다.

줄기는 가늘며 마디가 많고 길이가 1~3센티미터이며 옆에서 여러 개의 다소 굵은 녹백색의 실 모양으로 된 기근이 물체에 붙는다. 잎은 두터운 육질로 빽빽하게 2줄로 어긋나며 좁은 장타원형에서 선 모양의 타원형으로 길이가 0.7~2센티미터이다. 밑으로 다소 굽어지고 자주색의 반점이 있으며 끝은 둔하고 뒷면은 진한 자색을 띠며 중륵이 표면에서는 오목하게 들어가고 뒷면에서는 융기한다. 포는 삼각형으로 길이 0.1센티미터 정도이며 끝이 뾰족하다. 화경은 길이 0.8~1센티미터로 잎겨드랑이에서 나오고 2개의 비늘잎이 있다. 꽃은 1개에서 4개가 5, 6월경에 담황록색으로 피며 가는 자주색의 반점이 있다. 간혹 전체에 자주색의 반점이 없는 민금산자주난초(for. *epunctatus*)가 있다.

지리적으로 일본과 대만에 국한하여 분포하는 대표적인 남방계 식물이다.

종소명 'matsuran'은 '송란(松蘭)'의 일본어 발음으로 대부분은 소나무가 많은 곳에서 자라는 데서 1905년 마키노가 사콜라비움속(*Saccolabium*)의 신종으로 기재하였지만 1913년 쉴레히터가 동아시아산 난초과를 일괄하여 검토할 때 탐라란과 함께 본속으로 분류하였다.

국명은 채집지인 경남 남해도 금산의 지명과 잎, 꽃에 자주색의 반점이 있는 데서 연유하고 남해도에서는 비자나무에 붙어 자라기 때문에 비자란으로 부르고 있다.

탐라란〔*Gastrochilus japonicus* (Makino) Schlechter/지네발란족 금산자주난초속〕

제주도 한라산 남쪽의 나무에 붙어 극히 희귀하게 자라는 제주 고유 분포종이다. 가는 기근은 뭉쳐진 것처럼 뒤쪽으로 자라서 몸을 지탱한다. 줄기는 길이가 1~4센티미터로 짧으며 끝은 비스듬히 올라간다. 잎은 혁질의 좁은 장타원형에서 도피침형으로 길이 3~8센티미터이고 5개에서 15개가 2줄로 어긋나서 약간 굽어진다. 녹색으로 자주색의 반점이 없고 끝은 둔하거나 다소 뾰족하며 중륵은 뒷면으로 돌출하고 기부는 점차 가늘어지며 짧은 엽초에서 관절한다. 포는 삼각형으로 길이가 0.1~0.2센티미터이다. 화서는 길이가 1~3센티미터로 잎겨드랑이에서 나와 4개에서 10개가 총상 화서로 붙어 6, 7월경에 꽃이 담황색으로 벌어져 핀다.

지리적으로 일본, 대만에 국한하여 분포하는 매우 희귀한 남방계 식물이다.

종소명은 타입 표본의 산지인 '일본산'이라는 뜻으로 마키노가 1889년 보고한 후 사콜라비움속으로 신종 발표하였으나 1913년 쉴레히터가 본속으로 분류하였다.

국명은 최초 채집지가 제주도이고 제주난초와 구별하기 위해 필자가 명명하였다.

제주난초〔*Sarcochilus japonicus* Miquel/지네발란족 제주난초속〕

제주도 한라산 남쪽의 공중 습도가 높은 상록수림의 나무에 붙어 극히 희귀하게 자란다. 비자란이라고도 부른다. 제주 고유 분포종이다.

기근은 줄기의 가운데 아래에서 나오며 가늘고 길다. 줄기는 가늘며 길이 3~10센티미터로 가지가 갈라지지 않고 오랜 엽초에 싸여 있다. 잎은 10개에서 20개가 좌우 2줄로 어긋나며 선 모양의 장타원형에서 피침형으로 길이가 2~4센티미터로 끝이 둔하지만 희미하게 튀어나오고 기부는 가늘어져 엽초에서 관절한다. 화경은 가늘며 길이 2~4센티미터의 가는 꽃자루 끝에 꽃이 붙고 가운데에 작은 비늘잎 한 개가 있다. 꽃은 4, 5월경에 2개에서 5개가 담황색으로 핀다.

지리적으로 일본, 중국 등 동아시아의 난대에 희귀하게 분포하는 남방계 식물이다.

종소명은 타입 표본의 산지인 '일본산'이란 뜻으로 1866년 미쿠엘이 일본산을 신종으로 기재하였다.

국명은 최초 채집지인 제주도에서 기인하며 제주에서는 비자란으로 부른다. 남해도에서도 금산자주난초가 역시 비자나무에 붙어 자라기 때문에 비자란으로 부르고 있지만 제주난초로 정리한다.

나도풍란〔*Sedirea japonica* (Lindenberg et Reichenbach fil.) Garay et Sweet/지네발란족 나도풍란속〕

제주의 저지대, 남해 도서(전남, 경남) 등지의 상록수림과 침엽수림의 나무나 바위에 붙어 극히 희귀하게 자란다. 노란나비난초라고도 한다. 최근 관상용으로 마구 채취하여 멸종 위기에 있다.

기근은 굵으며 다수가 길게 자란다. 줄기는 짧게 비스듬히 올라가고 마디 사이가 좁아져 2개에서 6개의 잎이 좌우 2열로 어긋난다. 잎은 두터운 육질로 다소 부드럽고 표면의 맥은 들어가며 좁은 장타원형으로 길이가 8~15센티미터이며 끝이 둔하거나 다소 들어간다. 포는 난형에서 삼각형으로 길이 0.4~0.6센티미터에 끝이 둔하다. 화서는 길이 5~20센티미터의 총상으로 붙어 비스듬히 밑으로 처진다. 꽃은 6월에서 8월경에 담록색을 띤 백색으로 4개에서 10개가 달리며 향기가 있다.

지리적으로 일본과 대만, 중국의 난대 지역에 분포하는 대표적인 남방계 식물이다.

종소명은 타입 표본의 산지인 '일본산'이라는 뜻으로 라이첸바하와 린덴베르그(S. Lindenberg)가 1863년 일본에서 채집하여 신종으로 명명한 후 미국의 난초 분류학자 개레이(L. Garay)와 스위트(H. Sweet)가 1974년 본속으로 분류하였다.

국명은 잎이 두 줄로 된 형태가 풍란과 비슷한 데서 붙여진 명칭이며 풍란에 비하여 잎이 대형이므로 난초 애호가들은 대엽풍란이라 부른다.

부록1. 한국산 난초과의 목록 및 특징

종명	속명	생 태 구 분					분 포 지	화기 (월)	특정 식물 지정
		낙엽	상록	무 엽		상록			
		지생		부생	착생				
개불알꽃	개불알꽃	○					북부, 중부, 남부	5~6	
큰개불알꽃	〃	○					북부 고산	5~7	
털개불알꽃	〃	○					한반도 고산	5~7	
광릉요강꽃	〃	○					중부	4~5	40호
해오라비난초	잠자리난초	○					한반도	7~8	41호
잠자리난초	〃	○					전국	7~9	
방울난초	방울난초	○					제주	9~10	
손바닥난초	손바닥난초	○					전국	7~8	42호
주름제비란	〃	○					북부, 중부	5~8	
구름병아리난초	구름병아리난초	○					한반도	7~9	
나도제비란	나도제비란	○					전국	5~6	
북방나비난초	북방나비난초	○					북부 고산	7~8	
나비난초	나비난초	○					북부, 중부	6~7	
너도제비란	〃	○					북부	6~7	
병아리난초	병아리난초	○					전국	6~8	
나도잠자리란	나도잠자리란	○					전국	7~8	
큰나도잠자리란	〃	○					한반도	6~7	
개제비란	개제비란	○					북부, 남부, 제주	5~8	
포태제비란	〃	○					북부 고산	5~8	
씨눈난초	씨눈난초	○					전국	7~8	
나도씨눈란	〃	○					한반도	7~8	
한라잠자리란	제비난초	○					제주	6~7	
큰제비란	〃	○					한반도	6~7	
구름제비란	〃	○					북부 고산	7~8	
산제비란	〃	○					전국	5~7	

종명	속명	생태구분					분포지	화기 (월)	특정 식물 지정
		낙엽	상록	무엽		상록			
		지생		부생	착생				
애기제비란	제비난초	○					중부, 제주	7~8	
제비난초	〃	○					한반도	6~7	
갈매기난초	〃	○					제주, 남부	5~7	
흰제비란	〃	○					전국	7~8	
으름난초	으름난초			○			제주	6~7	43호
천마	천마			○			전국	6~8	30호
한라천마	〃			○			제주	9~10	
유령란	유령란			○			북부 고산	8~9	
무엽란	무엽란			○			제주, 남부	6~7	44호
제주무엽란	〃			○			제주	6~7	
홍산무엽란	애기무엽란			○			북부 고산	6~7	
애기무엽란	〃			○			북부 고산	5~6	
애기천마	애기천마			○			제주, 남부	7~8	
큰방울새란	큰방울새란	○					전국	6~7	
방울새란	〃	○					제주, 남부, 중부	5~6	
쌍잎난초	쌍잎난초	○					북부 고산	7~8	
털쌍잎난초	〃	○					북부 고산	7~8	
타래난초	타래난초	●					전국	5~8	
닭의난초	닭의난초	○					전국	6~7	
청닭의난초	〃	○					북부, 중부	7~8	
금난초	은대난초	○					제주, 남부, 중부	4~6	
은난초	〃	○					제주, 남부, 중부	4~5	
꼬마은난초	〃	○					제주, 남부, 중부	4~5	
은대난초	〃	○					전국	5~6	
김의난초	〃	○					중부	4~5	
섬사철란	사철란		○				제주, 남부	9~10	
애기사철란	〃		○				전국 고산	7~8	
한국사철란	〃		○				한반도	7	

종명	속명	생 태 구 분					분 포 지	화기 (월)	특정 식물 지정
		낙엽	상록	무 엽		상록			
		지생		부생	착생				
자주사철란	사철란		○				제주	8~9	
줄무늬사철란	〃		○				〃	8~9	
사철란	〃		○				전국	8~9	35호
붉은사철란	〃		○				제주, 남부	7~8	
백운란	백운란		○				제주, 남부	7~8	34호
개미난초	개미난초		○				중부	7~8	
차걸이란	차걸이란					○	제주	4~6	
풍선난초	풍선난초	●					북부 고산	5~6	
부전란	부전란	○					〃	7~8	
비비추난초	비비추난초	●					제주, 남부, 중부	5~6	
이삭단엽란	이삭단엽란	○					전국	7~8	
자란	자란	○					남부	5~6	
흑난초	옥잠난초		○				제주	6~7	
한라옥잠난초	〃	○					〃	7	
옥잠난초	〃	○					전국	5~7	
나나벌이난초	〃	○					〃	5~7	
나리난초	〃	○					〃	5~6	
키다리난초	〃	○					한반도	6~7	
참나리난초	〃	○					북부, 중부	6~7	
여름새우란	새우난초		○				제주, 남부	8~9	36호
새우난초	〃		○				제주, 남부, 중부	4~5	37호
섬새우난초	〃		○				제주	4~5	46호
큰새우난초	〃		○				제주, 남부	4~5	45호
금새우난초	〃		○				〃	4~6	38호
약난초	약난초	●					〃	5~6	39호
두잎약난초	두잎약난초	●					제주	5~6	
감자난초	감자난초	●					한반도	5~6	
한라감자난초	〃	●					제주	6~7	

종명	속명	생태구분					분포지	화기 (월)	특정 식물 지정
		낙엽	상록	무엽		상록			
		지생		부생	착생				
산호란	산호란			○			북부 고산	6~7	
콩짜개란	혹난초					○	제주, 남부	5~6	
혹난초	〃					○	제주, 남부	5~7	31호
석곡	석곡					○	제주, 남부, 중부	5~6	47호
죽백란	보춘화		○				제주	7~8	
녹화죽백란	〃		○				제주	10~11	
보춘화	〃		○				제주, 남부, 중부	3~5	48호
소란	〃		○				제주	9~10	
한란	〃		○				제주, 남부	10~11	
구화란	〃		○				남부	4~5	
대흥란	〃			○			제주, 남부	7~8	49호
풍란	풍란					○	제주 남부	7~8	32호
지네발란	지네발란					○	제주, 남부	6~8	
금산자주난초	금산자주난초					○	제주, 남부	5~6	
탐라란	〃					○	제주	7~8	
거미란	거미란				○		제주	6~7	
제주난초	제주난초					○	제주	4~5	
나도풍란	나도풍란					○	제주, 남부	7~8	33호

※ 낙엽 지생종의 구분에서 ○ 표는 동휴면하는 종이며, ● 표는 하휴면하는 종이다.

부록2. 용어 해설

뿌리

기근(氣根, 공기뿌리, aerial root) 줄기에서 공기 중에 나와 있는 부정근(不定根)으로 대기 중의 수분 흡수와 식물체의 받침대 역할을 한다. 착생종인 차걸이란, 콩짜개란, 혹난초, 석곡, 풍란, 지네발란, 거미란, 탐라란, 금산자주난초, 제주난초, 나도풍란 등이 속한다.

괴근(塊根, 덩이뿌리, tuber) 저장근으로 통통한 뿌리로 형태가 덩어리를 이루며 다육근이나 저장근과 구별하지 않고 사용하기도 한다.

균근(菌根, mycorrhiza) 균류(菌類)와 공생하는 고등식물의 뿌리로 난초과의 경우 현재까지 알려져 있는 부생란에서는 모두 모균류(帽菌類)의 버섯〔천마에서의 아르밀라리아 멜레아(*Armillaria mellea*)〕이 공생균으로 있으며 녹색의 잎이 있는 것은 모두 불완전균류인 리조크토니아가 관계한다.

줄기

지하경(地下莖, 땅속줄기, subterranean stem) 지하를 수평으로 기어 자라는 줄기로 길게 옆으로 자라는 것과 마디 사이〔節間〕가 짧아서 덩이처럼 생긴 것이 있다. 잎은 비늘 모양으로 변태하고 근경・괴경・구경・인경으로 구분한다.

근경(根莖, 뿌리줄기, rhizome, root stock) 식물체의 지하부를 총칭하며 보통 지하경과 정간(挺幹)을 포함하고 겉보기에 뿌리 같으며 지상으로 기거나 땅속에 있는 줄기를 말한다.

인경(鱗莖, 비늘줄기, bulb) 다육질인 잎에 둘러싸인 저장 기관의 짧은 지하경. 현저하게 짧은 인경을 주아(珠芽)라고 한다.

위인경(僞鱗莖, 헛비늘줄기, pseudobulb) 다육질의 줄기로 보통 땅속에 없는 것이며 인경은 비늘잎이 다육화한 것이지만 위인경에서는 비늘잎에 엷게 싸여 있는 것이 많다. 형태학적으로는 구경에 가까우나 위인경의 경우 편구형(扁球形)에서 거의 원주상의 것까지를 포함한다.

구경(球莖, 알줄기, corm) 건조한 막질의 잎에 싸여 있는 다육질 또는 비늘 모양인 저장 기관의 줄기.

위구경(僞球莖, 헛알줄기, pseudocorm) 난초과에서 많이 나타나며 구경과 비슷한 성질을 지니고 있다. 비비추난초, 이삭단엽란, 흑난초, 한라옥잠난초, 옥잠난초, 나나벌이난초, 나리난초, 새우난초, 큰새우난초, 금새우난초, 약난초, 두잎약난초, 한라감자난초, 혹난초, 죽백란, 녹화죽백란 등이 속한다.

화경(花莖, 꽃줄기, scape) 정단(頂端)에 꽃이 달리는 줄기로 보통엽이 없거나 포엽(苞葉)이 없다.

가축 분지(假軸分枝, sympodial branching) 분지형(分枝型)의 하나로 주축(主軸)에 대신하여 측축(側軸)이 벋고 이것을 반복해 나가는 것이며 다년초의 대부분이 속하고 난초과는 주축이 화서로 되기 때문에 측축이 해마다 썩게 되는 것(제비난초속, 닭의난초속 등)과 주축이 짧게 벋어 자라 측축이 액생(腋生)하는 화서를 이루는 것(새우난초속, 석곡속, 보춘화속)이 있다.

단축 분지(短軸分枝, monopodial branching) 주축이 짧게 쭈그러들어 자라면서 분지하는 것으로 지네발란족(풍란, 지네발란 등)에서 볼 수 있다.

잎

보통엽(普通葉, leaf) 주로 광합성 호흡 및 증산 작용을 하는 기관으로 잎자루와 잎몸으로 이루어졌다. 일반적인 잎의 기능을 가진 잎몸이 발달하는 것으로 비늘잎과 초 모양의 잎으로 구별하는 데 쓰인다.

엽신(葉身, 잎몸, blade, lamia) 잎의 주요한 부분으로 엷고 넓은 부분으로 잎에서 잎자루를 제외한다.

엽병(葉柄, 잎자루, petiole) 잎의 일부로 잎몸을 줄기나 가지에 붙게 하는 꼭지로 짧은 것과 긴 것, 튼튼한 것과 약한 것, 모가 진 것 넓적한 것, 홈이 진 것 등이 있다.

엽초(葉鞘, 잎집, sheath) 잎의 기부가 줄기를 둘러싸고 있는 엽저로 잎몸과 모양이 다른 경우에 줄기를 둘러싸는 부분.

초상(鞘狀, sheathed, vaginate) 통 모양이거나 말려드는 모양으로 난초과에서는 잎 전체가 초 모양으로 된 것과 잎자루가 초 모양으로 된 것이 있다.

중륵(中肋, midrib) 잎몸의 중앙 기부 쪽에서 선단을 향하여 있는 커다란 맥으로 자주사철란을 보면 뚜렷하게 있다. 주맥(主脈, main vein)이라고도 한다.

사상(絲狀, 실 모양, filiform) 길고 매우 가늘어서 길이와 너비의 비율이 10대 1 이하인 경우의 형태.

선형(線形, linear) 길고 좁으나 잎의 양측이 거의 평행을 이루며 길이와 너비의 비율이 5대 1에서 10대 1 정도로 된 형태. 잠자리난초, 씨눈난초, 흰제비란, 차걸이란, 보춘화의 잎이 해당된다.

광선형(廣線形, broadly-linear) 선형보다 더 넓은 형태. 손바닥난초, 산제비란, 타래난초, 한란, 풍란의 잎이 해당된다.

협타원형(狹楕圓形, linear-oblong) 광선형보다는 넓고 장타원형보다는 좁은 형태. 나도잠자리란, 큰방울새란, 금난초, 은대난초, 여름새우란, 큰새우난초, 약난초, 나도풍란의 잎이 해당된다.

장타원형(長楕圓形, oblong) 길이와 너비의 비율이 3대 1에서 2대 1 사이이며 긴 양측면이 거의 평행을 이루는 형태로 병아리난초, 개제비란, 갈매기난초, 닭의난초, 은난초, 꼬마은난초, 비비추난초, 새우난초, 두잎약난초, 혹난초, 죽백란, 금산자주난초의 잎이 해당된다.

타원형(楕圓形, elliptic) 길이와 너비의 비율이 3대 2 정도이며 선단이 좁아지는 형태. 애기제비란, 섬사철란, 옥잠난초, 나리난초, 녹화죽백란의 잎이 해당된다.

광타원형(廣楕圓形, oval) 길이와 너비의 비율이 2대 1 이상 되는 형태. 나도제비란, 사철란, 이삭단엽란, 한라옥잠난초, 나나벌이난초, 금새우난초의 잎이 해당된다.

원형(圓形, orbicular) 전체적으로 윤곽이 원형인 것을 말하지만 반드시 둥근 것은 아니다. 백운란, 콩짜개란의 잎이 해당된다.

침형(針形, subulate) 길이와 너비의 비율이 10대 1 정도이나 선단으로 향할수록 좁아지는 형태.

피침형(披針形, lanceolate) 길이와 너비의 비율이 6대 1에서 3대 1 정도 선단으로 향하여 좁아지는 형태. 한라감자난초, 석곡, 지네발란, 제주난초의 잎이 해당된다.

도피침형(倒披針形, oblanceolate) 피침형과 모양이 같지만 기준으로 하는 위치가 역인 경우로, 피침형이 기부에서 엽선으로 향한 상태라면 도피침형은 엽선에서 기부를 향한 형태이다. 방울새란, 탐라란의 잎이 해당된다.

난형(卵形, ovate) 중앙에서 기부 쪽이 가장 넓으며 길이와 너비의 비율이 2대 1에서 3대 2 정도인 형태로 애기사철란, 자주사철란, 붉은사철란, 흑난초의 잎이 해당된다.

도란형(倒卵形, obovate) 알이 거꾸로 선 것 같은 형태.

예두(銳頭, acute) 선단이 예각형(銳角形)으로 뾰족하지만 꼬리가 길지 않은 형태.

예첨두(銳尖頭, acuminate) 선단이 점차적으로 뾰족해져서 꼬리와 비슷한 형태.

둔두(鈍頭, obtuse) 선단이 완만하게 둥근 형태로 양쪽 가장자리가 90도 이상의 각도로 합쳐져 있으며 선단이 뭉뚝한 형태.

원두(圓頭, roundate) 선단이 둥근 형태.

요두(凹頭, emarginate) 선단이 파인 형태.

엽연(葉緣, leaf margin) 잎의 가장자리.

반곡(反曲, revolute) 뒤 또는 밑으로 젖혀진 것.

전연(全緣, entire) 엽연이 갈라지지 않고 톱니 모양도 아닌 밋밋한 형태.

파상(波狀, repand, undulate) 엽연이 밋밋하며 물결 모양으로 기복이 있는 형태.

거치(鋸齒, 톱니, dentate, serrate) 엽연이 톱니 모양이지만 끝은 날카롭지 않다. 보통의 단자엽 식물에서는 잎몸의 가장자리는 전연이며 난초과도 그 예외는 아니어서 거치가 있는 것은 거의 없다.

포(苞, 포엽, bract) 꽃자루의 기부에 비늘 모양이나 잎 모양으로 형성되는 고도로 변태한 잎으로 꽃이나 싹을 보호한다. 보통 가늘며 짧다.

인편엽(鱗片葉, 비늘잎, chaff, pale) 잎이 작으며 비늘 모양으로 변화한 것으로 난초과에서는 보통 지하경에 붙어 있다.

평활(平滑, glabrous) 매끈한 것으로서 특히 털이 없는 것.

막질(膜質, membranous) 얇은 종이같이 반투명한 상태.

육질(肉質, 고기질, fleshy) 살이 깊은 상태.

납질(蠟質, waxy) 초를 바른 것 같은 상태.

생식 기관

화피〔花被, 화개(花蓋), perianth〕 악(萼)과 화관(花冠)의 복합적인 용어로 종에 따라 악과 화관이 형태상 구별되지 않으며 보통의 꽃을 말한다. 난초과에서는 기본적으로 악이 3개, 화판(花瓣)이 3개로 이루어졌으며 각각의 1개를 화피편(花被片)이라 한다.

악(萼, 꽃받침, calyx) 악편의 복합어로 꽃의 가장 바깥쪽에 있으며 화관과 함께 화피를 이룬다. 악은 보통 녹색이며 난초과에는 기본적으로 3개로 구성되며 매우 다양하다.

악편(萼片, 꽃받침조각, sepal) 악을 형성하는 부분으로 꽃의 가장 바깥쪽에 있으며 보통 녹색이나 화판같이 색소를 함유하는 경우도 있다.

측악편(側萼片, lateral sepal) 좌우 상칭의 꽃에서 종선(縱線)을 중앙으로 한 경우, 좌우에 있는 각각의 악편을 말하며 난초과의 경우는 악편 3개 중 좌우에 있는 2개가 이에 해당된다.

배악편(背萼片; dorsal sepal) 3개의 악편 중 1개이며 순판(脣瓣)의 반대쪽에 있는 것으로 보통 180도 회전하므로 상위에 있는 것이 많아 상악편(上萼片, upper sepal)이라고 한다. 또 좌우 상칭의 세로 중심선에 있기 때문에 중앙 악편(中央萼片, middle sepal)으로도 부른다.

화판(花瓣, 꽃잎, petal) 화관을 구성하는 각 조각으로 악편의 안쪽에 있고 수는 종에 따라 또는 생육 환경에 따라 일정하지 않거나 변할 수도 있으나 종에 따라 화판의 수가 일정한 경우도 있다. 대부분은 측화판 2개와 순판 1개가 있다.

측화판(側花瓣, lateral petal) 측악편처럼 좌우에 있는 2개의 화판으로 순판을 제외한 것이 측화판에 해당된다.

순판(脣瓣, lip, labellum) 3개의 화판 중 1개로 보통 다른 2개보

다 크며 종류에 따라서는 모양에 특징이 있다. 좌우 상칭화로 이것과 비슷한 모양의 화판에서도 사용된다.

화서(花序, 꽃차례, inflorescence) 꽃의 화축(花軸)에 대한 배열 상태를 말한다.

유한 화서(有限花序, determinate inflorescence) 화축의 정아(頂芽)가 꽃이 되어 가장 먼저 피기 때문에 화축의 생장은 정화(頂花)의 개화와 더불어 중단되며 취산 화서(聚繖花序)와 배상 화서(杯狀花序) 등이 여기에 속한다. 정점(頂點)에서부터 하부를 향해 개화한다.

무한 화서(無限花序, indeterminate inflorescence) 화축의 정아가 계속 생장하여 꽃이 하부에서 정상을 향하여 개화하는 화서로 총상 화서(總狀花序), 수상 화서(穗狀花序), 산방 화서(散房花序), 산형 화서(繖形花序), 원추 화서(圓錐花序) 등이 속한다.

단정 화서(單頂花序, solitary) 가지 끝에 1개의 꽃이 달리는 화서를 말한다.

총상 화서(總狀花序, raceme) 무한 화서의 일종으로 거의 길이가 같은 소화병(小花柄)을 지닌 꽃이 화축의 아래에서 위의 순서로 개화한다. 난초과는 대부분이 여기에 속하며 소화병을 지닌 것은 수상 화서이다. 잠자리난초, 으름난초, 천마, 무엽란, 제주무엽란, 비비추난초, 흑난초, 나나벌이난초, 나리난초, 여름새우란, 큰새우난초, 약난초, 한라감자난초, 한란, 풍란, 탐라란, 나도풍란 등이 속한다.

수상 화서(穗狀花序, 이삭 꽃차례, spike) 길고 가느다란 화서축에 꽃자루가 없는 꽃이 달린 무한 화서의 일종으로 나도잠자리란, 씨눈난초, 산제비란, 애기제비란, 흰제비란, 애기천마, 타래난초, 금난초, 은난초, 백운란 등이 속한다.

액생(腋生, axillary) 꽃이 잎겨드랑이에 1개씩 피는 것으로 화서가 되지는 않는다.

화병〔花柄, 화경(花梗), 꽃자루, peduncle〕 화서 또는 단생화(單生花)의 자루로 꽃자루가 없이 직접 붙는 것도 있다. 과실이 성숙하여 잔류하는 경우에는 과경(果梗)이라 한다.

소화병(小花柄, pedicel) 화서를 이루는 꽃의 자루(대).

화분괴(花粉塊, 꽃가루덩이, pollinium) 여러 개의 화분이 결합한 상태로서 특히 난초과와 박주가리과의 주요한 특징이다.

분질 화분괴(粉質花粉塊, granular pollinium) 화분괴를 누르면 산산이 부서지기 쉬운 것이며 나비난초족과 애기무엽란족 및 난초족 중 자란에서 보인다. 다수의 작은 덩어리를 만든 것은 소괴상(小塊狀, sectile)이라고 하며 화분괴에서는 납질로의 이행형(移行型)이라고 생각된다.

납질 화분괴(蠟質花粉塊, waxy pollinium, cartilaginous pollinium) 화분괴 형질의 하나로 단단한 표면에 광택이 있고 눌러도 잘 흩어지지 않으며 난초족의 대부분이 이런 형으로 화분괴 중 진화의 단계가 높은 것이다.

거(距, spur) 화관이나 악의 돌출부로 난초과는 보통 순판의 기부에서 튀어나온 것을 말한다. 속이 비어 있고 내부에 밀선(蜜腺)이 있으며 충매(蟲媒)의 특성과 밀접한 관계를 갖는다. 잠자리난초, 손바닥난초, 나도제비란, 병아리난초, 나도잠자리란, 산제비란, 애기제비란, 갈매기난초, 흰제비란, 은난초, 꼬마은난초, 은대난초, 비비추난초, 새우난초, 큰새우난초, 금새우난초, 풍란, 지네발란, 금산자주난초, 나도풍란 등이 속한다.

악(顎, mentum) 난초 꽃의 기부가 턱처럼 튀어나와 예주(蕊柱)의 연하부(延下部)와 함께 측악편의 기부 등에 형성되어진 부분.

자방(子房, 씨방, ovary) 자예(雌蕊)의 팽창한 기부로 배주(胚

珠)를 함유하고 있으며 자방은 보통 꽃의 다른 부분과 융합하여 과실로 발달한다. 분류군에 따라 구성 심피(心皮)의 수와 자방실(子房室)의 수가 다르며 주요 분류 형질이 된다.

삭과(蒴果, capsule) 두 개 내지 여러 개의 심피에서 유래한 과실로 심피의 수만큼 과피(果皮)가 세로로 갈라진다. 난초과와 더불어 제비꽃과, 괭이밥과, 백합과, 쥐손이풀과 등이 속한다.

참고 문헌

정태현 · 도봉섭 · 이덕봉 · 이휘재, 『조선식물 향명집』, 조선박물연구회, 1937.

전라남도 교육회, 『전라남도 식물』, 1940.

박만규, 「조선고산식물목록」, 『조선박물학회지』 제 33호, 1942.

정태현 · 도봉섭 · 심학진, 『조선식물명집Ⅰ, 초본편』, 정음사, 1949.

박만규, 『우리나라 식물명감』, 문교부, 1949.

이영노 · 주상우, 『한국식물도감』, 대동당, 1956.

정태현, 『한국식물도감 초본부』, 교육사, 1957.

이덕봉, 「제주도의 식물상」, 『고려대 문리대 논문집』 2, 1957.

——, 「최근세 한국식물학연구사」, 『아세아 연구』 4, 1961.

이휘재, 『한국 동식물도감 4, 화훼류Ⅰ』, 문교부, 1964.

부종휴, 「제주도산자생식물 목록(제1보)」, 『약사회지 5』, 1964.

정태현, 『한국동식물도감 5, 목초본류』, 문교부, 1965.

이휘재, 『한국동식물도감 6, 화훼류Ⅱ』, 문교부, 1966.

이영노, 「한라산의 특산식물」, 『한라산 및 홍도 학술조사 보고서』, 문화공보부, 1968.

이창복, 「자원식물」, 『한국 임학회지』, 1969.

박만규, 「전라남도 식물상의 개관」, 『식물분류 학회지 1』, 1969.

이우철, 「한국 특산 식물에 대하여」, 『식물분류 학회지 1』, 1969.

정태현, 『한국동식물도감 5, 목초본류 (보유편)』, 문교부, 1970.

양인석 · 김원, 「남해군의 식물상」, 『식물분류 학회지』, 1970.

오상철, 「제주도 식물조사 보고」, 『제주교대 논문집』 2, 1971.

이덕봉, 『한국동식물도감 15, 유용식물』, 문교부, 1973.

박만규, 「한국식물 중 절멸 또는 그 위기에 있는 것과 희귀종에 관한 조사 연구」, 『자연 보존』 8, 한국자연보존협회, 1975.

이창복, 「밝혀지는 식물자원(V)」, 『식물분류 학회지』, 1975.
———, 『식물분류학』, 향문사, 1976.
이영노, 『한국동식물도감 18, 계절 식물』, 문교부, 1976.
오현도 · 김문홍, 「제주도 식물에 관한 연구(Ⅰ)」, 『제주대 논문집』, 1977.
고경식, 「특기할 북한식물의 속」, 『식물분류 학회지』 9, 1978.
이우철 · 임양재, 「한반도 관속식물의 분포에 관한 연구」, 『식물분류 학회지』 8, 1978.
이창복, 『대한식물도감』, 향문사, 1979, 1989.
내무부, 『자연보호백서』, 1979.
정태현, 『식물분류학』, 교육사, 1980.
북제주군, 『비자림 식생 조사보고서』, 1980.
정영호, 「서울대학교 석엽표본관소장식물 석엽표본목록(Ⅱ)」, 『한국 식물학회지』 22, 1980.
김경식 · 김문홍, 「제주도 *Goodyera*속의 해부학적 연구」, 『제주대 논문집』 12, 1980.
이종석, 「제주도 자생 *Cymbidium*에 관하여」, 『제대학보』 22, 1981.
김문홍, 「제주도 식물분포의 개관」, 『제대학보』 22, 1981.
이종석 · 김일중 · 곽병화, 「한국 자생란의 생태에 관한 연구(Ⅰ)」, 『원예학회지』 22, 1981.
이종석 · 곽병화, 「한국 자생란의 생태에 관한 연구(Ⅱ)」, 『원예학회지』 22, 1981.
제주도, 『제주도지(상)』, 제주, 1982.
이우철, 「정태현박사의 신종 및 미기록종 식물에 대한 고찰」, 『식물분류 학회지』 12, 1982.
이영노, 「한라산의 희귀 및 특산 식물」, 『한국의 희귀 및 멸종 위기 식물에 관한 워크샵』, 한국식물학회, 1983.

이종석, 「한국 야생란의 종류와 지리적 분포에 관한 연구」, 『제주대 논문집』 19, 1984.

이창복, 『수우 이창복 교수의 발자취』, 수우 이창복 교수 정년퇴임기념사업추진위원회, 정민사, 1984.

———, 『한라산 천연보호구역 학술조사보고서(한라산의 특산 및 희귀식물)』, 제주, 1985.

김문홍, 『제주식물도감』, 제주, 1985, 1992.

이종석 · 곽병화, 「한국 자생란의 생태에 관한 연구(Ⅲ)」, 『원예 학회지』 26, 1985.

이영노, 『관속식물 분류학』, 새글사, 1987.

전길신, 『산야초 여행(한국의 야생란)』, 석오출판사, 1988.

오용자 · 이창숙, 「한국 미기록종 식물 꼬마은난초」, 『성신여대 논문집』 5, 1988.

정영호, 「서울대 식물 석엽표본목록」, 『식물학논선』 제4집』, 예초서사, 1990.

김봉찬 · 김문홍 · 오문유, 「제주도산 새우난초속의 분류학적 연구— 전기 영동을 이용한 동위 효소 비교」, 『식물분류 학회지』 20, 1990.

고경식, 『관속식물 분류학』, 세문사, 1991.

임양재 · 백광수 · 이남주, 『한라산의 식생』, 중앙대학교 출판부, 1991.

임영득 · 김수남, 「무엽란의 분포와 생태에 관한 연구」, 『인천교대 논문집』 26, 1992.

제주도, 『제주도지 1』, 제주, 1993.

김수남 · 임영득, 「보춘화의 분포를 제한하는 환경요인」, 『인천교대 논문집』 27, 1993.

임영득 · 김수남, 「제주 한라산에서의 수직 고도에 따른 난초과 식물의 분포와 생태」, 『인천교대 논문집』 28, 1994.
김현삼 · 리수진 · 박형선 · 김매근, 『식물원색도감』, 과학백과사전종합출판사, 평양, 1988.

T. Nakai, *Flora Koreana* Ⅱ, Jour. Coll. Sci. Univ., Tokyo, 1911.
中井猛之進, 『濟州道竝莞島植物調査報告書』, 朝鮮總督府, 1914.
――――, 『智異山植物調査報告書』, 1915.
森爲三, 『朝鮮植物名』, 朝鮮總督府, 1921.
――, 「濟州道所生植物分布に就て」, 『文教の朝鮮』 38, 1928.
小原榮次郎, 『蘭華譜 (下卷)』, 蘭華譜 復刊頒布會, 1937.
E. D. Merrill · E. H. Walker, *A Bibliography of Eastern Asiatic Botany*, The Arnold Arboretum of Harvard University, Massachusetts, 1938.
牧野富太郎, 『日本植物圖鑑』, 北隆館, 東京, 1940.
中井猛之進, 『中井教授著作論文目錄』, 中井博士功績記念事業會 編, 北隆館, 東京, 1943.
村越三千男, 『內外植物原色大圖鑑』, 誠文堂新光社, 東京, 1944.
Merritt Lyndon Fernald, *Gray's Manual of Botany*, Eighth Edition, 1950.
中井猛之進, 『朝鮮植物誌梗概』, 國立科博硏報, 東京, 1952.
E. H. Walker, *A Bibliography of Eastern Asiatic Botany,* American Institute of Biological Sciences, Washington D.C., 1960.
牧野富太郎, 『牧野新日本植物圖鑑, 北隆館』, 東京, 1961.
大井次三郎, 『標準原色圖鑑全集, 植物 Ⅱ』, 保育社, 大阪, 1964.
牧野富太郎, 『牧野新日本圖鑑』, 北隆館, 東京, 1969.
正宗嚴敬, 『日本の植物 8卷 單子葉植物 Ⅱ』, 高陽書院, 東京, 1969.
Nathaniel Lord Britton · Hon. Addison Brown, *An Illustrated Flora of*

the Northern United States and Canada Vol. Ⅰ, Dover Publications Inc., New York, 1970.
野田光藏, 『中國東北(滿洲)の植物誌』, 風間書房, 東京, 1971.
前川文夫, 『日本の野生ラン』, 誠文堂新光社, 東京, 1971.
中國科植研主編, 『中國高等植物圖鑑 第2册』, 科學出版社, 臺北, 1972.
Tang-Shui Liu・Horng-Jye Su, *Flora of Taiwan* Ⅵ, Epoch Publishing Co., Taipei, 1978.
里見新生, 『日本の野生植物 草本(Ⅰ) 單子葉類』, 平凡社, 東京, 1982.
武田久吉, 『原色日本高山植物圖鑑』, 保育社, 大阪, 1982.
林 彌榮, 『日本の野草』, 山と溪谷社, 東京, 1983.
北村四郎・村田 源・小山鐵夫, 『原色日本植物圖鑑 草本編(Ⅲ) 單子葉類』, 保育社, 大阪, 1984.
Jisaburo Ohwi, *Flora of Japan* Ⅵ, Smithsonian Institution, Washington, D. C., 1984.
高橋勝雄, 『日本野生ラン花譜』, 每日新聞社, 東京, 1987.
中國本草圖錄編纂委員會, 『中國本草圖錄 Ⅰ～Ⅹ』, 人民衛生出版社, 香港, 1990.
橋本 保・神田 淳・村川博實, 『野生ラン』, 家の光協會, 東京, 1991.
小田倉正圀, 『野生ランの育て方小百科』, 日本文藝社, 東京, 1995.

빛깔있는 책들 301-24

한국의 자생란

글 —김수남
사진 —김수남

발행인 —장세우
발행처 —주식회사 대원사

편집 —김범수, 육양희, 김분하, 김수영, 최은희
미술 —최효섭, 여혜영
기획 —조은정
총무 —이훈, 이규헌, 정광진
영업 —정만성, 강성철, 박은식, 이수일, 최귀심
이사 —이명훈, 이상갑

첫판 1쇄 —1996년 5월 15일 발행
첫판 3쇄 —2005년 10월 30일 발행

주식회사 대원사
우편번호/140-901
서울 용산구 후암동 358-17
전화번호/(02) 757-6717~9
팩시밀리/(02) 775-8043
등록번호/제 3-191호
http://www.daewonsa.co.kr

잘못된 책은 책방에서 바꿔 드립니다.

값 13,000원

Daewonsa Publishing Co., Ltd.
Printed in Korea(1996)

ISBN 89-369-0184-2 00480

빛깔있는 책들

민속(분류번호: 101)

1 짚문화	2 유기	3 소반	4 민속놀이(개정판)	5 전통 매듭
6 전통 자수	7 복식	8 팔도 굿	9 제주 성읍 마을	10 조상 제례
11 한국의 배	12 한국의 춤	13 전통 부채	14 우리 옛 악기	15 솟대
16 전통 상례	17 농기구	18 옛 다리	19 장승과 벅수	106 옹기
111 풀문화	112 한국의 무속	120 탈춤	121 동신당	129 안동 하회 마을
140 풍수지리	149 탈	158 서낭당	159 전통 목가구	165 전통 문양
169 옛 안경과 안경집	187 종이 공예 문화	195 한국의 부엌	201 전통 옷감	209 한국의 화폐
210 한국의 풍어제				

고미술(분류번호: 102)

20 한옥의 조형	21 꽃담	22 문방사우	23 고인쇄	24 수원 화성
25 한국의 정자	26 벼루	27 조선 기와	28 안압지	29 한국의 옛 조경
30 전각	31 분청사기	32 창덕궁	33 장석과 자물쇠	34 종묘와 사직
35 비원	36 옛책	37 고분	38 서양 고지도와 한국	39 단청
102 창경궁	103 한국의 누	104 조선 백자	107 한국의 궁궐	108 덕수궁
109 한국의 성곽	113 한국의 서원	116 토우	122 옛기와	125 고분 유물
136 석등	147 민화	152 북한산성	164 풍속화(하나)	167 궁중 유물(하나)
168 궁중 유물(둘)	176 전통 과학 건축	177 풍속화(둘)	198 옛 궁궐 그림	200 고려 청자
216 산신도	219 경복궁	222 서원 건축	225 한국의 암각화	226 우리 옛 도자기
227 옛 전돌	229 우리 옛 질그릇	232 소쇄원	235 한국의 향교	239 청동기 문화
243 한국의 황제	245 한국의 읍성	248 전통 장신구	250 전통 남자 장신구	

불교 문화(분류번호: 103)

40 불상	41 사원 건축	42 범종	43 석불	44 옛절터
45 경주 남산(하나)	46 경주 남산(둘)	47 석탑	48 사리구	49 요사채
50 불화	51 괘불	52 신장상	53 보살상	54 사경
55 불교 목공예	56 부도	57 불화 그리기	58 고승 진영	59 미륵불
101 마애불	110 통도사	117 영산재	119 지옥도	123 산사의 하루
124 반가사유상	127 불국사	132 금동불	135 만다라	145 해인사
150 송광사	154 범어사	155 대흥사	156 법주사	157 운주사
171 부석사	178 철불	180 불교 의식구	220 전탑	221 마곡사
230 갑사와 동학사	236 선암사	237 금산사	240 수덕사	241 화엄사
244 다비와 사리	249 선운사	255 한국의 가사		

음식 일반(분류번호: 201)

60 전통 음식	61 팔도 음식	62 떡과 과자	63 겨울 음식	64 봄가을 음식
65 여름 음식	66 명절 음식	166 궁중음식과 서울음식		207 통과 의례 음식
214 제주도 음식	215 김치	253 장醬		

건강 식품(분류번호 : 202)

105 민간 요법
181 전통 건강 음료

즐거운 생활(분류번호 : 203)

67 다도
68 서예
69 도예
70 동양란 가꾸기
71 분재
72 수석
73 칵테일
74 인테리어 디자인
75 낚시
76 봄가을 한복
77 겨울 한복
78 여름 한복
79 집 꾸미기
80 방과 부엌 꾸미기
81 거실 꾸미기
82 색지 공예
83 신비의 우주
84 실내 원예
85 오디오
114 관상학
115 수상학
134 애견 기르기
138 한국 춘란 가꾸기
139 사진 입문
172 현대 무용 감상법
179 오페라 감상법
192 연극 감상법
193 발레 감상법
205 쪽물들이기
211 뮤지컬 감상법
213 풍경 사진 입문
223 서양 고전음악 감상법
251 와인
254 전통주

건강 생활(분류번호 : 204)

86 요가
87 볼링
88 골프
89 생활 체조
90 5분 체조
91 기공
92 태극권
133 단전 호흡
162 택견
199 태권도
247 씨름

한국의 자연(분류번호 : 301)

93 집에서 기르는 야생화
94 약이 되는 야생초
95 약용 식물
96 한국의 동굴
97 한국의 텃새
98 한국의 철새
99 한강
100 한국의 곤충
118 고산 식물
126 한국의 호수
128 민물고기
137 야생 동물
141 북한산
142 지리산
143 한라산
144 설악산
151 한국의 토종개
153 강화도
173 속리산
174 울릉도
175 소나무
182 독도
183 오대산
184 한국의 자생란
186 계룡산
188 쉽게 구할 수 있는 염료 식물
189 한국의 외래 · 귀화 식물
190 백두산
197 화석
202 월출산
203 해양 생물
206 한국의 버섯
208 한국의 약수
212 주왕산
217 홍도와 흑산도
218 한국의 갯벌
224 한국의 나비
233 동강
234 대나무
238 한국의 샘물
246 백두고원
256 거문도와 백도

미술 일반(분류번호 : 401)

130 한국화 감상법
131 서양화 감상법
146 문자도
148 추상화 감상법
160 중국화 감상법
161 행위 예술 감상법
163 민화 그리기
170 설치 미술 감상법
185 판화 감상법
191 근대 수묵 채색화 감상법
194 옛 그림 감상법
196 근대 유화 감상법
204 무대 미술 감상법
228 서예 감상법
231 일본화 감상법
242 사군자 감상법

역사(분류번호 : 501)

252 신문